MathStart®
洛克数学启蒙④

我的比较好

[美]斯图尔特·J.墨菲 文　　[美]玛莎·温伯恩 图　　漆仰平 译

海峡出版发行集团　福建少年儿童出版社
THE STRAITS PUBLISHING & DISTRIBUTING GROUP　FUJIAN CHILDREN'S PUBLISHING HOUSE

面积

献给玛吉，在她眼里，尼克叔叔是最棒、最伟大的。

——斯图尔特·J.墨菲

著作权合同登记号：图字 13-2023-038号

图书在版编目（CIP）数据

洛克数学启蒙.4.我的比较好 / (美) 斯图尔特·
J.墨菲文；(美) 玛莎·温伯恩图；漆仰平译. -- 福州：
福建少年儿童出版社，2023.9
ISBN 978-7-5395-8242-9

Ⅰ.①洛… Ⅱ.①斯… ②玛… ③漆… Ⅲ.①数学 -
儿童读物 Ⅳ.①O1-49

中国国家版本馆CIP数据核字(2023)第074389号

LUOKE SHUXUE QIMENG 4 · WO DE BIJIAO HAO
洛克数学启蒙4·我的比较好

著　者：[美]斯图尔特·J.墨菲 文 [美]玛莎·温伯恩 图 漆仰平 译
出 版 人：陈远 出版发行：福建少年儿童出版社 http://www.fjcp.com e-mail:fcph@fjcp.com 社址：福州市东水路 76 号 17 层（邮编：350001）
选题策划：洛克博克 责任编辑：邓涛 助理编辑：陈若芸 特约编辑：刘丹亭 美术设计：翠翠 电话：010-53606116（发行部） 印刷：北京利丰雅高长城印刷有限公司
开　本：889 毫米×1092 毫米 1/16 印张：2.5 版次：2023 年 9 月第 1 版 印次：2023 年 9 月第 1 次印刷 ISBN 978-7-5395-8242-9 定价：24.80 元

吉尔和姐姐珍妮同住一个房间。哥哥杰夫住在走廊对面的小房间。

每天早晨醒来，吉尔都能听到杰夫和珍妮的争吵声。

"我的书包比你的大，能装更多书。"杰夫说。

"但我的是紫色的，你的是绿色的。紫色更好看。"珍妮反驳。

吉尔把头埋到枕头底下。

我的包上有飞机！

每天晚上睡觉时，吉尔都能听到杰夫和珍妮在争吵。
"我书里的图片比你书里的多。"珍妮说。
"可我的书页数更多。"杰夫反驳。

吉尔用手指堵住耳朵。
"我的书最好。"她小声对富奇说，
"看，上面有一只像你一样的猫咪。"

一天，爸爸妈妈宣布，全家要搬到新房子去。新房子很大，所以吉尔、珍妮和杰夫都可以拥有自己的房间。

"我的房间会是最棒的。"杰夫说。

"不对，我的才是呢！"珍妮说。

"富奇也能有自己的房间吗？"吉尔问。
"猫咪不需要自己的房间。"妈妈回答。

9

大家都想去看看新房子，就全部
挤进了车里。吉尔抱着富奇。

到了新房子，杰夫和珍妮立刻上楼去看自己的房间。

"哈！早就跟你说过，我的房间更好，"珍妮说，"瞧瞧我的窗户多大呀。"

超级大！

"我的房间也有窗户，"杰夫说，"而且肯定比你的更大。"
"你们两个别吵了！"妈妈说。

"来，用这摞纸把你们的窗户贴满，看看哪扇窗户用到的纸更多，就说明谁的窗户面积更大。"

吉尔帮杰夫把几张纸按从上到下的顺序粘在窗户的一侧。
"有三张纸高。"杰夫宣布。

接着，他沿着窗户的另一条边尽量贴满。
"我可以贴4列，"他说，"总共用了12张纸。"

看见没有？我的更大。

他们跑到珍妮的房间。

"我的窗户有2张纸那么高。我只能摆2行，"
珍妮宣布，"可这个窗户真的很长。"

珍妮用纸把整扇窗户都铺满。"我可以沿长边贴满6张纸呢。那这扇窗户总共用了12张纸。"她说。
"完全一样。"吉尔说，"能给我一张纸吗？"

瞎说！

但我的窗户更漂亮，漂亮的更好。

17

“珍妮，你这个房间好小呀，”杰夫说，
“我打赌我的房间比你的大。”
“才不是呢。”珍妮反驳。
“我敢说，就是这样。”杰夫说。

哼。

你的房间要小得多。

"别吵了，"爸爸说，"刚才用的那种纸太小了。你们可以用旧报纸来量一量哪个房间的面积更大。"

珍妮把一张张报纸沿着墙边贴好。

"我的房间有6张报纸宽。"她宣布。

吉尔又帮她沿着另一侧墙贴满报纸。

"另一侧是5张报纸宽。"珍妮说，"所以，如果
我要把房间的地板都铺满报纸，总共需要30张。"

闻起来是不是有鱼腥味？

21

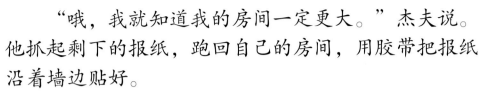

"哦，我就知道我的房间一定更大。"杰夫说。
他抓起剩下的报纸，跑回自己的房间，用胶带把报纸
沿着墙边贴好。

"有6张报纸宽。"他高喊。

接着，杰夫沿着另一侧墙铺上报纸，一点空隙也不留。一共用了4张。

"把整个房间的地板铺满需要24张报纸。"他宣布。

我的房间更好！
我赢啦！！！

"看吧，我的房间更大。"珍妮说。

"等等，"吉尔说，"衣柜前面还有一小块空地呢！"

24

杰夫又用胶带贴了几张报纸。这一次他贴了2排，每排3张。

"24张加6张，总共30张！"杰夫说。

"又是正好相等。"吉尔说，"嘿，看看报纸上这条广告。"

难以置信！

哈哈，嘿嘿！

"嘿，我的房间比你的好，因为离卫生间更近。"珍妮说。
"哈，我的更好，因为离厨房更近。"杰夫不服气。

"你们不知道吧？"吉尔说，"我觉得，我的房间是全家最好的。"

杰夫和珍妮惊讶地看着他们的小妹妹。
"可你的房间是最小的。"珍妮说。

"窗户也是小小的。"杰夫补充道。

"我知道，"吉尔说，"但我的房间
离你们两个的最远，离富奇的最近！"

吉尔的房间

富奇的小窝

写给家长和孩子

《我的比较好》所涉及的数学概念是面积。面积是几何中的一个基本概念，在计算面积时，常用单位面积进行测量。孩子在学习面积时，需要去想象用单位面积来覆盖整个图形，并计算出所需单位面积的数量。

对于《我的比较好》所呈现的数学概念，如果你们想从中获得更多乐趣，有以下几条建议：

1. 朗读这个故事时，让孩子数一数插图中覆盖窗户和地板分别需要的纸张数。告诉孩子，故事中的孩子正在计算窗户和地板的面积。

2. 再次朗读这个故事，指出书中的孩子在比较两扇窗户的面积时，用的是大小相等的纸张，计算两间卧室的面积时用的也是大小相等的报纸。要想正确比较出图形的面积大小，使用的测量单位必须一致。

3. 让孩子在方格纸上画一个图形。和孩子一起数一数图形内部正方形的个数，从而计算出它的面积大小，然后帮孩子再画一个与它面积相等的图形。

4. 剪一根和孩子手臂一样长的绳子，用这根绳子围成一个矩形或正方形。让孩子用大小相等的方块算出图形的面积（可能不是所有的方块都能整个放入这个图形。在这种情况下，可以用分数表示面积——比如$5\frac{1}{2}$块）。用绳子围成其他图形，并算出面积。让孩子想一想，同一根绳子围成的图形中，哪一个的面积最大。

如果你想将本书中的数学概念扩展到孩子的日常生活中，可以参考以下这些游戏活动：

1. 寻找家里最大的房间：帮孩子用报纸测量自己的卧室面积。把卧室面积和家中其他房间的面积进行比较。在比较房间面积时，记得要用大小相同的报纸。

2. 厨房游戏：用两个不同大小的烤盘来烤蛋糕。问问孩子哪个烤盘更大。把烤盘里的蛋糕切成大小相同的方块，然后让孩子比较烤盘的面积。

3. 冰箱艺术：用胶带把孩子创作的画贴在冰箱上。让孩子估计一下，若想将整个冰箱门全部盖住，需要多少张同样大小的画。让孩子使用与那张画同样大小的纸张，想出计算冰箱门面积的办法。

洛克数学启蒙

1

《虫虫大游行》	比较
《超人麦迪》	比较轻重
《一双袜子》	配对
《马戏团里的形状》	认识形状
《虫虫爱跳舞》	方位
《宇宙无敌舰长》	立体图形
《手套不见了》	奇数和偶数
《跳跃的蜥蜴》	按群计数
《车上的动物们》	加法
《怪兽音乐椅》	减法

2

《小小消防员》	分类
《1、2、3，茄子》	数字排序
《酷炫100天》	认识1~100
《嘀嘀，小汽车来了》	认识规律
《最棒的假期》	收集数据
《时间到了》	认识时间
《大了还是小了》	数字比较
《会数数的奥马利》	计数
《全部加一倍》	倍数
《狂欢购物节》	巧算加法

3

《人人都有蓝莓派》	加法进位
《鲨鱼游泳训练营》	两位数减法
《跳跳猴的游行》	按群计数
《袋鼠专属任务》	乘法算式
《给我分一半》	认识对半平分
《开心嘉年华》	除法
《地球日，万岁》	位值
《起床出发了》	认识时间线
《打喷嚏的马》	预测
《谁猜得对》	估算

4

《我的比较好》	面积
《小胡椒大事记》	认识日历
《柠檬汁特卖》	条形统计图
《圣代冰激凌》	排列组合
《波莉的笔友》	公制单位
《自行车环行赛》	周长
《也许是开心果》	概率
《比零还少》	负数
《灰熊日报》	百分比
《比赛时间到》	时间

MathStart®

洛克数学启蒙 ❹

猫咪登月

猫咪趣闻

在古埃及，
有些猫死后会被做成木乃伊，
甚至还和老鼠的木乃伊
埋在一起。

献给刚满1岁的杰克。
——斯图尔特·J.墨菲

PEPPER'S JOURNAL: A KITTEN'S FIRST YEAR

Text Copyright © 2000 by Stuart J. Murphy

Illustration Copyright © 2000 by Marsha Winborn

Published by arrangement with HarperCollins Children's Books,
a division of HarperCollins Publishers through Bardon-Chinese
Media Agency

Simplified Chinese translation copyright © 2023 by Look Book
(Beijing) Cultural Development Co., Ltd.

ALL RIGHTS RESERVED

著作权合同登记号：图字 13-2023-038号

图书在版编目（CIP）数据

洛克数学启蒙. 4. 小胡椒大事记 / (美) 斯图尔特
·J.墨菲文；(美) 玛莎·温伯恩图；吕竞男译. -- 福
州：福建少年儿童出版社, 2023.9
ISBN 978-7-5395-8243-6

Ⅰ.①洛… Ⅱ.①斯… ②玛… ③吕… Ⅲ.①数学 -
儿童读物 Ⅳ.①O1-49

中国国家版本馆CIP数据核字(2023)第074395号

LUOKE SHUXUE QIMENG 4 · XIAOHUJIAO DA SHIJI
洛克数学启蒙4·小胡椒大事记

著　者：[美] 斯图尔特·J.墨菲　文　[美] 玛莎·温伯恩　图　吕竞男　译
出 版 人：陈远　出版发行：福建少年儿童出版社　http://www.fjcp.com　e-mail:fcph@fjcp.com　社址：福州市东水路 76 号 17 层（邮编：350001）
选题策划：洛克博克　责任编辑：邓涛　助理编辑：陈若芸　特约编辑：刘丹亭　美术设计：翠翠　电话：010-53606116（发行部）　印刷：北京利丰雅高长城印刷有限公司
开　本：889 毫米 ×1092 毫米　1/16　印张：2.5　版次：2023 年 9 月第 1 版　印次：2023 年 9 月第 1 次印刷　ISBN 978-7-5395-8243-6　定价：24.80 元

猫薄荷

MathStart®

洛克数学启蒙④

小胡椒大事记

[美]斯图尔特·J.墨菲 文 [美]坞莎·温伯恩 图 吕竞男 译

认识日历

海峡出版发行集团
THE STRAITS PUBLISHING & DISTRIBUTING GROUP
福建少年儿童出版社
FUJIAN CHILDREN'S PUBLISHING HOUSE

"我们家要有一只小猫咪啦！"乔伊说道，"奶奶说，雪儿生下小猫后，我们可以去挑一只最喜欢的带回来养。"

"妈妈给了我一本日记本，用来记录小猫咪第一年的生活。我都等不及了，真想现在就开始写！"丽莎说，"我们的小猫什么时候才能出生啊？"

3月6日

　　3月6日是我最喜欢的日子！今天早上，雪儿生下了3只无比可爱的小猫。

　　我去图书馆查阅了所有关于小猫的书。从书里我了解到，刚出生的小猫既听不见也看不到。出生7到10天后，它们才会睁开眼睛，打开耳朵。奶奶告诉我，那超级柔软的皮毛并不能让它们觉得足够暖和，所以小猫们全都紧紧地依偎着雪儿。

哈哈哈哈哈哈

有一本书讲到：小猫从一个装满水的泡泡里诞生。真是奇怪！猫妈妈会舔破水袋，这样小猫就能呼吸了。

3月的猫很温柔，喜欢发呆，对水非常着迷。

3月

星期日	星期一	星期二	星期三	星期四	星期五	星期六
			1	2	3	4
5	6	7	8	9	10	11
12	13	14	15	16	17	18
					圣帕特里克节	
19	20	21	22	23	24	25
26	27	28	29	30	31	

小猫真的特别小，重量还不及一块糖——就连被乔伊啃过一口的糖块都比不上。

糖果棒

刚出生的小猫大约只有90克重。

3月7日

　　小猫们已经出生满一天啦。但是妈妈告诉我们，必须等小猫出生一周后才能去看它们。难道她不知道**一周7天有多么漫长吗？**

　　等到那时，小猫就会睁开眼睛。也许我会是小猫看到的第一个人！

满 1 天!!

吸呀吸呀！每隔一小时左右，
小猫们就会找雪儿喝奶，让温热的奶水
填满小肚子。小猫们依靠嗅觉和胡须
判断哪里有奶吃。

3月的猫很温柔，喜欢发呆，对水非常着迷。

3月

星期日	星期一	星期二	星期三	星期四	星期五	星期六
			1	2	3	4
5	6	7	8	9	10	11
12	13	14	15	16	17	18
19	20	21	22	23	24	25
26	27	28	29	30	31	

圣帕特里克节

3月13日

　　我们终于见到小猫啦！它们看起来是毛绒绒的一团，长着亮晶晶的粉鼻子。奶奶说小猫还不喜欢被人抱，但她允许我用指尖轻轻碰碰小猫。雪儿时时刻刻都紧盯着我。

　　等小猫一个月大的时候——也就是4个多星期以后，我们就可以挑选出要养的小猫了。

8

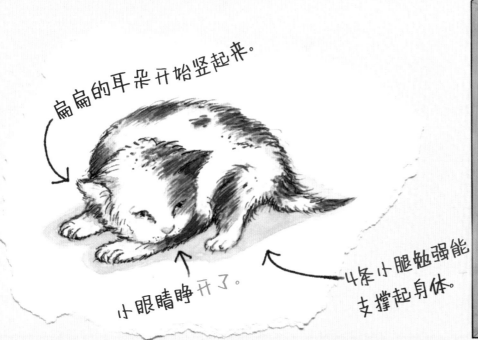

扁扁的耳朵开始竖起来。

小眼睛睁开了。

4条小腿勉强能支撑起身体。

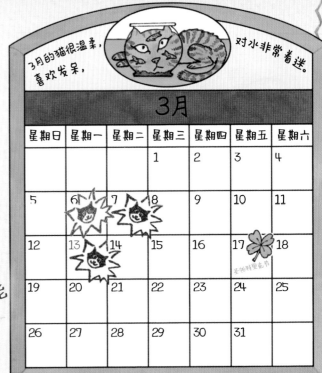

3月的猫很温柔，喜欢发呆，对水非常着迷。

3月

星期日	星期一	星期二	星期三	星期四	星期五	星期六
			1	2	3	4
5	6	7	8	9	10	11
12	13	14	15	16	17	18
19	20	21	22	23	24	25
26	27	28	29	30	31	

圣帕特里克节

猫咪趣闻！

猫咪从高处落下时，几乎总能4只脚着地。

我是一个伟大的魔术师。

看好了……吧啦吧啦——变！

丑陋的大青蛙变成可爱的小猫咪！

噗！

4月6日

　　一个月内，小猫们长大了很多！现在，它们既能看见东西，也能听见声音，甚至还能摇摇晃晃地走几步。小猫们不是特别害羞，其中一只黑白相间的小猫最活泼、最亲近人。我和乔伊都认定它会成为我们的猫咪。

　　乔伊说小猫白毛上的小黑点看起来好像胡椒粒。小胡椒——多么可爱的名字呀！小猫的名字竟然是乔伊先想到的，真是太意外了。

现在，我们的小猫有了
一个最棒的名字——**小胡椒**。

今天，小猫们满月了。

现在，小猫已经长大，可以尝试吃点固体食物了。
再过几周，它们就不再需要喝雪儿的奶了。

4月的猫胆子大，易冲动，热衷于冒险。

4月

星期日	星期一	星期二	星期三	星期四	星期五	星期六
						1
2	3	4	5	6	7	8
			12	13	14	15
16	17	18	19	20	21	22
23	24	25	26	27	28	29
30						

乔伊 画

5月6日

　　小胡椒已经两个月大，今天我们可以带它回家了。需要准备的东西太多啦！妈妈和我一起把纸箱剪开，在里面铺上柔软的毯子，做了一张舒适的猫床。我们还要买猫砂盆、猫抓柱、提篮、梳子、玩具、饭碗……一只小小的猫咪怎么需要这么多东西啊？

小胡椒肯定会喜欢这些！

猫砂盆

两个月长

5月

星期日	星期一	星期二	星期三	星期四	星期五	星期六
	1	2	3	4	5	6
7	8	9	10	11	12	13
14	15	16	17	18	19	20
21 母亲节快乐	22	23	24	25	26	27
28	29	30	31			

戴帽子的猫

精品好狗

宠物用品目录

最新款猫砂盆
让猫咪不舍得离开！

猫抓柱

提篮

13

6月6日

今天小胡椒满3个月了，我们带它去做了体检。兽医把小胡椒从头到尾检查了一遍，给它注射了一针疫苗。她还教给我们各种帮助小胡椒健康成长的知识。

真是一只漂亮的小猫咪啊！

说"啊——"。

喵——

小胡椒的脚趾末端藏着尖尖的爪子。当它想安静地行走时，就会把尖爪折叠到指节骨的凹槽里；当它想抓挠攀爬时，就会露出尖爪。有时，小胡椒会在窗帘上磨爪子，我看到了就把它带到猫抓柱前，很快它就明白只能在猫抓柱抓挠。

6月的猫活泼，好奇心强，爱表现。

6月

星期日	星期一	星期二	星期三	星期四	星期五	星期六
				1	2	3
4	5	6	7	8	9	10
11	12	13	14	15 暑假	16	17
18 父亲节	19	20	21	22	23	24
25	26	27	28	29	30	

猫咪成长必备条件：

1. 大量的水
2. 干净的猫砂
3. 运动
4. 睡眠
5. 有营养的食物
6. 定期体检
7. 爱

在宠物医院里，小胡椒表现得非常勇敢。

勇敢的小猫

15

7月20日

今天，我们的夏季野营开始了。

这次，我们带上了小胡椒。

我讲了鬼故事，把乔伊吓坏了。他拿着手电筒，光束照到小胡椒的眼睛时，小胡椒的眼睛发出幽幽的亮光。乔伊不知道，猫的眼睛里都有"镜子"，可以反射光线，帮助猫在黑暗中看得更清楚。乔伊真是只"胆小猫"。

小胡椒从来不会觉得眼睛发干，因为猫咪的眼睑很特殊，就像汽车上的雨刷器一样，能使泪水分散开来，防止眼球干燥。除了上眼睑和下眼睑，它还长着第三眼睑，为眼睛提供额外的保护。

7月

星期日	星期一	星期二	星期三	星期四	星期五	星期六
						1
2	3	4	5	6	7	8
9	10	11	12	13	14	15
16	17	18	19	20	21	22
23	24	25	26	27	28	29
30	31					

在完全黑暗的地方，猫咪是看不见东西的，但它们的眼睛能聚集环境中的光线，所以猫咪只需要很少的光线（大约是人眼需要光线量的六分之一），就可以看清周围。

小胡椒依靠眼睛、耳朵、鼻子和爪子探索世界。不管看到什么，它都喜欢蹭一蹭。如果它蹭我的腿，就是在说："你是我的。"

17

8月28日

　　每次我回到家，小胡椒总是第一个来欢迎，因为它的听力和嗅觉都比人类好。即使光线昏暗，它也能看得很清楚。你根本不可能偷偷靠近小胡椒！

　　小胡椒是一只聪明的小猫。捉迷藏时谁也赢不了它——除非我们拿出猫咪喜欢的小零食。

5 个月
3 周
加 1 天

我的耳朵只能微微地动一下，小胡椒的耳朵却可以朝着声音传来的方向转动。它不仅可以同时转动两只耳朵，还能单独转动其中一只。真希望我也有这样的本领。

0翁0翁0翁0翁0翁

8月的猫 慷慨大方， 古灵精怪， 是院子里的国王。

8月

星期日	星期一	星期二	星期三	星期四	星期五	星期六
		1	2	3	4	5
6	7	8	9	10	11	12
13	14	15	16	17	18	19
20	21	22	23	24	25	26
27	28	29	30	31		

9月15日

　　今天我带着小胡椒去学校参加暑假分享会。大家都很喜欢小胡椒，下周他们上学时也要带上自己的宠物：小狗、鱼、鸟、兔子、老鼠，甚至还有蛇。幸好康纳老师和我们一样喜欢动物。

在学校，我总是
这样握着铅笔。

小胡椒
总喜欢
这样玩玩具。

我们都是"右撇子"！

书上说，10只猫中，
大约有4只习惯用右爪，
4只习惯用左爪，
其余2只左右爪都常用。

猫咪趣闻！

多趾猫每只前爪的脚趾
可以多达7个，甚至更多。

9月的猫
简单质朴，

脚踏实地，
却又爱挑剔。

9月

星期日	星期一	星期二	星期三	星期四	星期五	星期六
					1	2
3	4	5 开学第一天	6	7	8	9
10	11	12	13	14	15	16
17	18	19	20	21	22	23
24	25	26	27	28	29	30

10月31日
万圣节

万圣节到了，小胡椒帮我打造的万圣节派对造型简直"喵"极了。
虽然没赢得比赛名次，但我已经拥有了最好的奖品。

小胡椒

快8个月大了。

小胡椒从来不需要用肥皂或水来清洁身体。
它的舌头上长满"小倒钩"，
可以刮下毛发上的污垢。
乔伊特别想学会小胡椒的这一秘诀！

小胡椒的**猫咪**南瓜灯。

10月的猫
性情温和，

活泼可爱，
乐于合作。

10月

星期日	星期一	星期二	星期三	星期四	星期五	星期六
1	2	3	4	5	6	7
8	9	10	11	12	13	14
15	16	17	18	19	20	21
22	23	24	25	26	27	28
29	30	31				

11月23日 感恩节

感恩节时，家里来了很多亲戚！在所有的亲戚里面，小胡椒最喜欢小表弟山姆。也许是因为他俩都是8个月大，也可能它只是喜欢玩山姆的毯子。

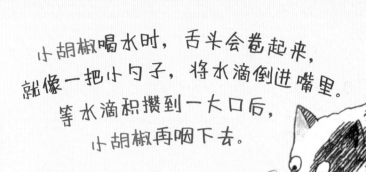

小胡椒喝水时，舌头会卷起来，
就像一把小勺子，将水滴倒进嘴里。
等水滴积攒到一大口后，
小胡椒再咽下去。

穿帆布鞋的猫

今天又得给小胡椒
讲它最喜欢的故事。
难道它就不会听腻吗？

穿靴子
的猫

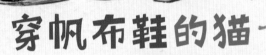

11月的猫
情绪高涨
而热烈，
令人难以忽视。

11月

星期日	星期一	星期二	星期三	星期四	星期五	星期六
			1	2	3	4
5	6	7	8	9	10	11
12	13	14	15	16	17	18
19	20	21	22	23	24	25
26	27	28	29	30		

感恩节

12月9日

　　一整天，乔伊和我都在买节日礼物。我们正想着包装礼物要花不少时间时，小胡椒突然跑来"帮忙"。结果，我们真的忙了很长很长时间！

小胡椒太知道该如何应对节日的疯狂了，那就是——睡觉！

一天24小时中，猫咪大约有18个小时在睡觉。因此，等小胡椒长到4岁时，它用了生命中的3年来睡觉，不睡觉的时间只有1年。

乔伊 画

12月的猫调皮贪玩，喜欢大胆探索。

12月

星期日	星期一	星期二	星期三	星期四	星期五	星期六
					1	2
3	4	5	6	7	8	9
10	11	12	13	14	15	16
17	18	19	20	21 光明节	22	23
24	25 圣诞节	26	27	28	29	30
31 元旦前夜						

1月1日 新年第一天

新年快乐！昨天晚上我们抱着小胡椒睡着了，醒来时已经是新的一年了。

我喜欢给小胡椒梳理毛发，这样对它也有好处，因为如此一来，小胡椒给自己清洁时就能少吞些毛发了。

呼噜噜噜噜噜噜！！！

小胡椒最喜欢的笑话

问：小猫和一分硬币有什么共同点？

答：两者（小猫cat和硬币cent）都是一也有头，一也有尾。哈哈！

问：什么猫住在海里？

答：章鱼，因为有些地方又叫它"海猫（seacat）"。

问：猫喜欢在医院的哪个部门工作？

答：急救箱（猫喜欢待在箱子里）。

1月的猫雄心勃勃，意志坚定，是攀爬高手。

1月

星期日	星期一	星期二	星期三	星期四	星期五	星期六
	1	2	3	4	5	6
7	8	9	10	11	12	13
14	15	16	17	18	19	20
21	22	23	24	25	26	27
28	29	30	31			

29

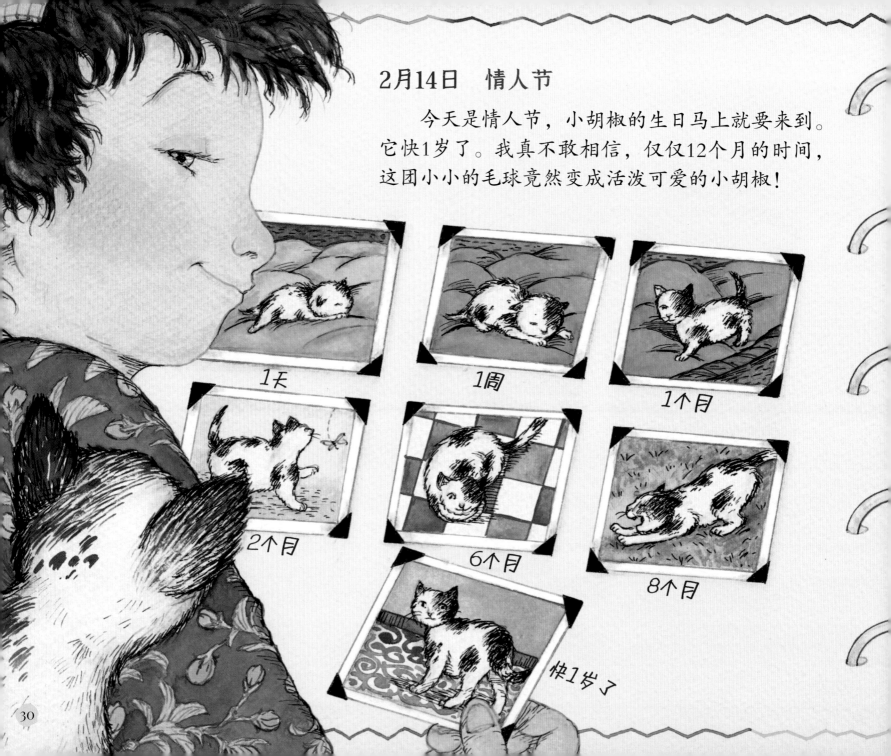

2月14日　情人节

　　今天是情人节，小胡椒的生日马上就要来到。它快1岁了。我真不敢相信，仅仅12个月的时间，这团小小的毛球竟然变成活泼可爱的小胡椒！

1天

1周

1个月

2个月

6个月

8个月

快1岁了

30

距离小胡椒的生日派对还有2周零6天！

客人名单：奶奶＋雪儿＋乔伊＋妈妈

礼物清单：幼猫零食  ＋  ＋

美食清单：小胡椒不能吃人吃的饼干，但是我觉得它看到了也会很喜欢……

红红的玫瑰花
美丽的紫罗兰
可爱的小猫小胡椒，
我爱你！

丽莎

2月的猫
特立独行，
聪明灵巧，

喜欢结交
特殊朋友。

2月

星期日	星期一	星期二	星期三	星期四	星期五	星期六
				1	2	3
4	5	6	7	8	9	10
11	12	13	14	15	16	17
18	19	20	21	22	23	24
25	26	27	28			

3月6日 小胡椒的生日

生日快乐，小胡椒！

生日快乐 小胡椒！

1岁

3月的猫很温柔，喜欢发呆，对小非常着迷。

3月

星期日	星期一	星期二	星期三	星期四	星期五	星期六
				1	2	3
4	5	6 一岁生日快乐	7	8	9	10
11	12	13	14	15	16	17 圣帕特里克节
18	19	20	21	22	23	24
25	26	27	28	29	30	31

小胡椒的第一年

33

《小胡椒大事记》所涉及的数学概念是认识日历。理解日、周、月、年之间的关系，在孩子的日常生活中具有重要意义。

对于《小胡椒大事记》所呈现的数学概念，如果你们想从中获得更多乐趣，有以下几条建议：

1. 和孩子一起读故事，并和孩子讨论每一幅图中的内容。

2. 在阅读过程中向孩子提问，比如："小胡椒现在多大了？""小胡椒的生日是哪一天？""一年有几个月？"

3. 读完故事后，做一个"家庭大事记"，列出每周、每月或每年家中发生的重要事件，帮孩子把这些事记录在日历上。

4. 和孩子一起玩日历猜谜游戏，让他从中领悟"时间是连续的"的道理。玩法如下：如果已知某月的第一个星期三是4号，你能否推断出该月的第三个星期三是几号？如果已知某个星期的星期一是11号，那么下个星期的星期五会是几号？1月31日的下一天是几月几号？如果今天是4月25日，那么两周后是几月几号？

　　如果你想将本书中的数学概念扩展到孩子的日常生活中，可以参考以下这些游戏活动：

　　1. 制作节日表：画出一年中全家人庆祝各种节日的时间线。让孩子画出代表节日的图画，或者从杂志剪下相关图片，将图画贴在时间线上的相应位置。计算各个节日之间相隔的天数或者周数。

　　2. 一岁记录簿：聊一聊孩子一岁之前发生的重要事件。孩子第一次学会坐是几个月大？什么时候学会说话？几个月开始会爬？以天或月为单位，计算每件成长趣事之间相隔的时间。

　　3. 制作日历：参照《小胡椒大事记》中的日历绘制12个空表格，再对其稍作修饰。把这些表格装订起来，当作日历挂好，以便全年使用。

洛克数学启蒙

MathStart®

洛克数学启蒙❹

MathStart
洛克数学启蒙 ④

柠檬汁特卖

[美]斯图尔特·J.墨菲 文　　[美]特里西娅·图萨 图　　静博 译

海峡出版发行集团 | 福建少年儿童出版社
THE STRAITS PUBLISHING & DISTRIBUTING GROUP | FUJIAN CHILDREN PUBLISHINGHOUSE

条形统计图

感谢哈丽雅特·巴顿的支持和帮助，这是最重要的一点。

——斯图尔特·J.墨菲

为我的数学老师玛格丽特·马尔瓦尼的美好回忆干杯，她曾经勇敢地穿着荧光绿色的紧身衣和红色异形鞋出现在我们面前。

——特里西娅·图萨

LEMONADE FOR SALE

Text Copyright © 1998 by Stuart J. Murphy

Illustration Copyright © 1998 by Tricia Tusa

Published by arrangement with HarperCollins Children's Books, a division of HarperCollins Publishers through Bardon-Chinese Media Agency

Simplified Chinese translation copyright © 2023 by Look Book (Beijing) Cultural Development Co., Ltd.

ALL RIGHTS RESERVED

著作权合同登记号：图字 13-2023-038号

图书在版编目（CIP）数据

洛克数学启蒙. 4. 柠檬汁特卖 / (美) 斯图尔特·
J.墨菲文；(美) 特里西娅·图萨图；静博译. -- 福州：
福建少年儿童出版社，2023.9
　ISBN 978-7-5395-8244-3

　Ⅰ.①洛… Ⅱ.①斯… ②特… ③静… Ⅲ.①数学-
儿童读物 Ⅳ.①O1-49

　中国国家版本馆CIP数据核字(2023)第074397号

LUOKE SHUXUE QIMENG 4 · NINGMENGZHI TEMAI
洛克数学启蒙4·柠檬汁特卖

著　者：[美] 斯图尔特·J.墨菲 文 [美] 特里西娅·图萨 图 静博 译
出 版 人：陈远 出版发行：福建少年儿童出版社 http://www.fjcp.com e-mail:fcph@fjcp.com 社址：福州市东水路 76 号 17 层（邮编：350001）
选题策划：洛克博克 责任编辑：邓涛 助理编辑：陈若芸 特约编辑：刘丹亭 美术设计：翠翠 电话：010-53606116（发行部） 印刷：北京利丰雅高长城印刷有限公司
开 本：889 毫米 ×1092 毫米 1/16 印张：2.5 版次：2023 年 9 月第 1 版 印次：2023 年 9 月第 1 次印刷 ISBN 978-7-5395-8244-3 定价：24.80 元

柠檬汁特卖

甜莉

丹尼

马修

俱乐部

4

榆树街儿童俱乐部的成员们感到很沮丧。

"我们的俱乐部小屋快塌掉了，而我们的存钱罐也空了。"梅格说。

"我知道怎么能挣到钱。"马修说，"我们去卖柠檬汁吧。"

存钱罐

梅格

丹尼说："我觉得，如果我们连续一周每天卖出 30 到 40 杯柠檬汁，就可以凑够维修俱乐部的钱了。让我们把销售情况记录下来。"

谢莉说："我可以做一张条形统计图。就像这样，把卖出的杯数列在表格左边，再在表格底部标出星期几。"

星期一，他们在街角摆好了卖柠檬汁的摊位。

只要有人从摊位前经过，梅格的宠物鹦鹉皮蒂就会尖叫起来：
"卖柠檬汁了！卖柠檬汁了！"

柠檬汁15元1杯

马修挤压柠檬。

梅格负责加糖，搅拌。

丹尼再往里面加些冰块，摇一摇，
就可以把柠檬汁倒进杯子里。

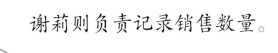

谢莉则负责记录销售数量。

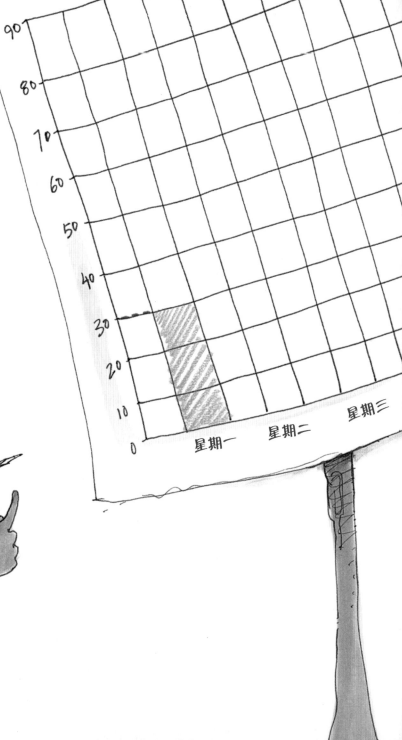

谢莉大声宣布："今天我们已经卖出30杯了。我会把'星期一'对应的长条涂到与数字30相对应的位置。"

"不错。"丹尼说。
"不错，不错。"皮蒂也跟着说。

星期五

到了星期二，皮蒂又开始呱呱大叫："卖柠檬汁了！卖柠檬汁了！"
越来越多的人围了过来。

柠檬汁

马修挤了更多的柠檬。

梅格放了更多的糖。

丹尼往里面加上冰块，摇晃一下，
倒出更多杯柠檬汁。

谢莉继续记录他们
卖出了多少杯柠檬汁。

13

谢莉大声喊道："今天我们卖出了 40 杯。我要把'星期二'对应的长条涂到与数字 40 相对应的位置。

"这些长条说明我们的销量在增长。"

14

"看样子一切进展得很顺利啊。"梅格说。

"很顺利，很顺利。"皮蒂跟着说。

15

星期三，皮蒂又开始不停地呱呱大叫："卖柠檬汁了！"叫声引得越来越多的邻居围了过来。

16

马修挤了比前两天更多的柠檬。

梅格加了更多的糖。

丹尼往里面加上冰块，摇晃一下，
倒出了比前两天更多的柠檬汁。

谢莉继续记录他们卖出了多少杯柠檬汁。

谢莉开心地宣布："今天我们卖出了56杯。我要把'星期三'对应的长条涂到与数字50和60中间偏上一点相对应的位置。"

"太棒了！"马修喊道。

"太棒了！太棒了！"皮蒂跟着称赞道。

到了星期四，他们继续摆摊卖柠檬汁，可是情况似乎出现了变化。
无论皮蒂如何卖力地大叫"卖柠檬汁了"，都没有人过来看一下。

柠檬汁15元1杯

马修只挤了几个柠檬。

梅格只放了几勺糖。

丹尼的冰块在等候顾客的时候就化了。

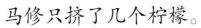

谢莉把少得可怜的销售数量记录了下来。

21

谢莉说："今天我们只卖出了24杯。'星期四'对应的长条比其他几天的短了很多。"

"我们的俱乐部小屋维修计划也泡汤了。"丹尼伤心地说。

皮蒂一声不响。

"我知道问题出在哪儿了。"马修说。

"看那边！"他指着街对面说，"有人在大街那头表演杂耍，把大家都吸引到那边去了。"

24

"我们一起去看看吧。"梅格说。

丹尼问表演杂耍的人："你叫什么名字？"
"我叫杰德。"他说，"我刚刚搬到这里。"

谢莉想到了一个主意。
她对杰德说了几句悄悄话。

27

到了星期五，谢莉和杰德是一起来的。
"杰德会在我们的摊位旁边表演杂耍。"谢莉说。
那一天，皮蒂呱呱大叫，杰德表演杂耍，吸引了更多的人前来观看，
比之前来的人还多。

马修挤了成堆的柠檬。

梅格放了成袋成袋的糖。

丹尼加了很多冰块,最后杯子都快用完了。

谢莉都快记不过来到底卖了多少杯柠檬汁了。

"今天我们卖出了好多杯，数量都已经超出这张表格可以记录的数量上限了。

"我们有足够的钱来维修俱乐部小屋啦。"

"太棒了！"大家欢呼起来，"杰德！杰德！你要不要加入我们的俱乐部？"
"当然啦！"杰德说。
"当然啦，当然啦！"皮蒂尖叫道。

对于《柠檬汁特卖》所呈现的数学概念，如果你们想从中获得更多乐趣，有以下几条建议：

1. 和孩子一起读故事，描述每幅图中发生的事情。聊聊故事中所配的图表，向孩子提出一些问题，如："哪一天卖掉的柠檬汁较多，星期一还是星期二？""星期三卖了多少杯？"

2. 聊聊孩子可能见过的不同类型的条形统计图，有的是一个长条紧挨着一个长条（如图A），有的是用不同的图形来表示不同项目的数量（如图B），这两种统计图经常能在学校的课本中见到。

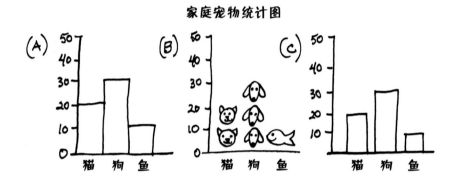

家庭宠物统计图

还有一种统计图的长条之间存在间隙（如图C），这种统计图经常出现在杂志、报纸和书籍中。找出你们能找到的条形统计图的实例，并与孩子讨论它们的含义。

3. 将生活中见到的事物记录在图表上，例如：公园里玩耍的孩子，路过家门口的狗，停在街上的汽车，等等。连续一周将观察对象每天出现的数量记录下来，看看到底是星期一还是星期六去公园玩的孩子更多，星期二早晨街上停了多少辆车，星期天早晨又停了多少辆，每天街上的汽车数量对比前一天是增加还是减少。

如果你想将本书中的数学概念扩展到孩子的日常生活中，可以参考以下这些游戏活动：

1. 卖柠檬汁：和几个朋友一起摆摊卖柠檬汁，并创建图表来记录销售情况。看看哪一天卖得最多，哪一天卖得最少，把每天的销售额情况标示出来。

2. 家庭通讯记录：制作图表，记录每个家庭成员每天接到多少个电话或每天收到多少封邮件。谁接到的电话最多，他接到最多电话的是哪一天？你哪一天收到的邮件最多，哪一天收到的邮件最少？

3. 读书记录：连续一个月记录你每周读了多少本书。看看这一数量是增加、减少还是保持不变。讨论一下为什么在一段时间内数量会发生变化。

洛克数学启蒙

1

《虫虫大游行》	比较
《超人麦迪》	比较轻重
《一双袜子》	配对
《马戏团里的形状》	认识形状
《虫虫爱跳舞》	方位
《宇宙无敌舰长》	立体图形
《手套不见了》	奇数和偶数
《跳跃的蜥蜴》	按群计数
《车上的动物们》	加法
《怪兽音乐椅》	减法

2

《小小消防员》	分类
《1、2、3，茄子》	数字排序
《酷炫100天》	认识1~100
《嘀嘀，小汽车来了》	认识规律
《最棒的假期》	收集数据
《时间到了》	认识时间
《大了还是小了》	数字比较
《会数数的奥马利》	计数
《全部加一倍》	倍数
《狂欢购物节》	巧算加法

3

《人人都有蓝莓派》	加法进位
《鲨鱼游泳训练营》	两位数减法
《跳跳猴的游行》	按群计数
《袋鼠专属任务》	乘法算式
《给我分一半》	认识对半平分
《开心嘉年华》	除法
《地球日，万岁》	位值
《起床出发了》	认识时间线
《打喷嚏的马》	预测
《谁猜得对》	估算

4

《我的比较好》	面积
《小胡椒大事记》	认识日历
《柠檬汁特卖》	条形统计图
《圣代冰激凌》	排列组合
《波莉的笔友》	公制单位
《自行车环行赛》	周长
《也许是开心果》	概率
《比零还少》	负数
《灰熊日报》	百分比
《比赛时间到》	时间

MathStart®
洛克数学启蒙 ④

巧克力

巧克力、热糖浆、坚果

巧克力、热糖浆、彩色糖粒

巧克力、焦糖、坚果

巧克力、焦糖、彩色糖粒

香草

香草、热糖浆、坚果

香草、热糖浆、彩色糖粒

香草、焦糖、坚果

香草、焦糖、彩色糖粒

MathStart®
洛克数学启蒙④

圣代冰激凌

[美]斯图尔特·J.墨菲 文　　[美]辛西娅·贾巴 图　　漆仰平 译

海峡出版发行集团
THE STRAITS PUBLISHING & DISTRIBUTING GROUP　福建少年儿童出版社
FUJIAN CHILDREN'S PUBLISHING HOUSE

排列组合

请注意

用餐礼仪

——温妮

献给已经知道用勺吃冰激凌的杰克。

——斯图尔特·J.墨菲

献给我爱的妈妈。

——辛西娅·贾巴

THE SUNDAE SCOOP

Text Copyright © 2003 by Stuart J. Murphy

Illustration Copyright © 2003 by Cynthia Jabar

Published by arrangement with HarperCollins Children's Books, a division of HarperCollins Publishers through Bardon-Chinese Media Agency

Simplified Chinese translation copyright © 2023 by Look Book (Beijing) Cultural Development Co., Ltd.

ALL RIGHTS RESERVED

著作权合同登记号：图字 13-2023-038号

图书在版编目（CIP）数据

洛克数学启蒙.4.圣代冰激凌 / (美) 斯图尔特·J.墨菲文；(美) 辛西娅·贾巴图；漆仰平译. -- 福州：福建少年儿童出版社, 2023.9
ISBN 978-7-5395-8245-0

Ⅰ.①洛… Ⅱ.①斯… ②辛… ③漆… Ⅲ.①数学 - 儿童读物 Ⅳ.①O1-49

中国国家版本馆CIP数据核字(2023)第074631号

LUOKE SHUXUE QIMENG 4 · SHENGDAI BINGJILING
洛克数学启蒙4·圣代冰激凌

著　者：[美]斯图尔特·J.墨菲　文　[美]辛西娅·贾巴　图　漆仰平　译
出版人：陈远　出版发行：福建少年儿童出版社　http://www.fjcp.com　e-mail:fcph@fjcp.com　社址：福州市东水路 76 号 17 层（邮编：350001）
选题策划：洛克博克　责任编辑：邓涛　助理编辑：陈若芸　特约编辑：刘丹亭　美术设计：翠翠　电话：010-53606116（发行部）　印刷：北京利丰雅高长城印刷有限公司
开　本：889 毫米 ×1092 毫米　1/16　印张：2.5　版次：2023 年 9 月第 1 版　印次：2023 年 9 月第 1 次印刷　ISBN 978-7-5395-8245-0　定价：24.80 元

校园
野餐会
下周
举行！

圣代冰激凌

劳伦

埃米莉

　　温妮老师是学校餐厅的管理员，她正在为校园
野餐会准备冰激凌摊位。劳伦、詹姆斯、埃米莉，
还有温妮的猫咪棉花糖都来帮忙。

4

"我有一个绝妙的想法！我们来做圣代冰激凌吧！"温妮提议。

"太酷了！"詹姆斯畅想起来，"如果我们做出各种各样的圣代冰激凌，绝对能成为野餐会的最佳摊位！"

温妮老师

詹姆斯

5

"快开动你们的小脑筋，"温妮说，"我们该提供什么口味的冰激凌呢？"

"巧克力口味！"劳伦说，"我的最爱。"

"泡泡糖口味！"詹姆斯说。

"薄荷口味！"埃米莉说。

"呃，那也太多了吧！"温妮抱怨道，"就准备香草和巧克力的吧。"

"那浇什么调味汁呢？"温妮问大家。
"香草配焦糖！"埃米莉说，"我最喜欢焦糖了。"

"巧克力配热糖浆!"劳伦提议。
"听上去就好吃!"詹姆斯满心向往。

"太棒了！"温妮接过话来，"我要在黑板上画一张图表。看看如果我们有两种冰激凌和两种调味汁，那么能做出多少种不同口味的圣代冰激凌。"

　　"好像是4种。"詹姆斯答道。

"再加点坚果怎么样？"劳伦提议。

"彩色糖粒呢？"詹姆斯说，"糖粒是我的最爱。"

"说得对啊，"温妮赞同，"圣代冰激凌也需要点缀。"

"我希望有足够多的组合。"埃米莉皱着眉头说。
"比你想象的还要多。"温妮说。

"每种圣代冰激凌都由一种口味的冰激凌、一种调味汁和一种配料组成，"温妮解释道，"第一种组合是香草、热糖浆和彩色糖粒。"

　　"噢，我明白了，"劳伦说，"也可以选择香草、焦糖和彩色糖粒。"

　　"太棒了！"詹姆斯开心极了，"现在有8种不同的选择。真是太丰富啦！"

野餐会那天，阳光明媚，温暖舒适。人人都想要圣代冰激凌。

"我们来挖冰激凌球吧！"温妮说。

"瞧瞧这队排的。"劳伦小声对埃米莉嘀咕。

埃米莉抬头望了望，说道："但愿我们最爱吃的口味不会卖光。"

埃米莉挖冰激凌球，詹姆斯负责浇调味汁，温妮往上撒坚果，劳伦则一边抖着彩色糖粒一边跳舞。

"一哒哒……二哒哒……
一、二……哎呀！"她惊呼。

19

"这是我们全部的彩色糖粒了！"埃米莉抱怨说。
"是啊，"詹姆斯说，"我的最爱没有了。"
棉花糖看来并不介意。

"我们最好改一下广告牌。"温妮说，
"现在，我们只剩下4种圣代冰激凌了。"

詹姆斯开始为下一个圣代冰激凌浇焦糖汁。
"当心棉花糖。"劳伦提醒道。

"它在哪里？"詹姆斯问。

"詹姆斯！"埃米莉责怪道，"看你倒在哪儿了！"

"哎呀！"詹姆斯惊呼。

"焦糖汁就这么多了。"劳伦嘟囔着。
"我的最爱呀。"埃米莉伤心地说。
"现在只有两种圣代冰激凌可选了。"詹姆斯说。

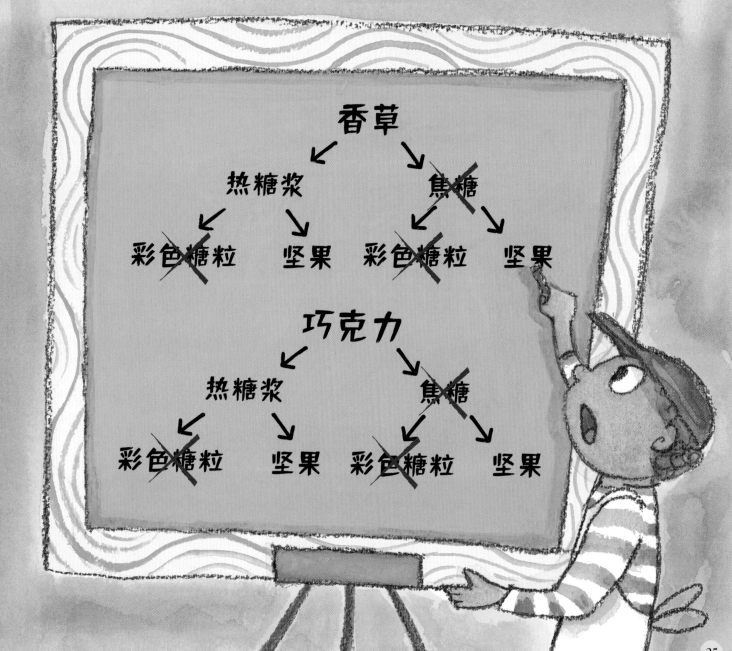

阳光越来越火辣，天气越来越热。"挖冰激凌球的速度要快！"温妮嘱咐埃米莉，"巧克力冰激凌都快化成巧克力汤了！"

埃米莉用她最快的速度挖着冰激凌球，可惜还是不够快。

"我的最爱也没有了。"劳伦叹了口气。
"别让棉花糖喝巧克力汤!"詹姆斯说。
"最好再改一下广告牌。"温妮说。

"排队的人只剩最后一位了，"埃米莉松了一口气，
"谢天谢地！现在可以吃我们自己做的圣代冰激凌了。"
　　詹姆斯说："可是没有糖粒了。"
　　"也没有焦糖汁。"埃米莉说。
　　"巧克力冰激凌也没了。"劳伦补充道。
　　"喵。"棉花糖叫了一声。

"天哪，你们说得没错！"温妮说，"只剩下一种圣代冰激凌了。"

"香草冰激凌加热糖浆和坚果，"温妮说，
"正是我的最爱！给我递个勺子！"

30

写给家长和孩子

　　《圣代冰激凌》所涉及的数学概念是排列组合。求出给定条件下一组物品可以有多少种不同的组合是一种重要的解决问题的思路，也是一种初级代数技能。

　　对于《圣代冰激凌》所呈现的数学概念，如果你们想从中获得更多乐趣，有以下几条建议：

　　1. 和孩子一起读故事，帮助孩子理解故事中圣代冰激凌的不同组合。讨论图上冰激凌的种类是如何随着故事情节的发展而变化的。

　　2. 再次阅读故事时，可以向孩子提出这样的问题："有几种口味的冰激凌？""有多少种调味汁？""有多少种配料？""能做出多少种圣代冰激凌？"

　　3. 创作属于自己的圣代冰激凌故事。让孩子想出几种不同口味的冰激凌、调味汁和配料，并把它们分别写下来。帮助孩子画出与故事中相似的组合示意图，看看用这些想象中的原料能做出多少种圣代冰激凌。

　　4. 和孩子一起编一个关于排列组合的故事。例如，你可以说："学校商店出售红、蓝两种颜色的铅笔。这些铅笔可以搭配粉色、蓝色或绿色的橡皮头。你可以让人用绿色或黄色的墨水把你的名字印在铅笔上。你有多少种铅笔可选择？"协助孩子画出故事中那样的组合示意图，据此找出问题的答案。

如果你想将本书中的数学概念扩展到孩子的日常生活中，可以参考以下这些游戏活动：

1. 订购午餐：找来一张快餐店的菜单，让孩子选出他最喜欢的三明治，然后再选出他喜欢的2种饮料和3种甜点。看一看用这些选择可以搭配出多少种午餐。

2. 装饰饼干：帮助孩子烘焙两种口味的饼干，比如糖屑曲奇和燕麦曲奇。选2种颜色的糖衣和3种口味的糖屑。如果每种饼干都用一种颜色的糖衣和一种口味的糖屑做装饰，协助孩子算出一共可以搭配出多少种组合。

3. 服装搭配：为孩子准备2双鞋子、4件衬衫和2条裤子。协助孩子算出他一共可以穿出多少种搭配。

巧克力

巧克力、热糖浆、坚果

巧克力、热糖浆、彩色糖粒

巧克力、焦糖、坚果

巧克力、焦糖、彩色糖粒

香草

香草、热糖浆、坚果

香草、热糖浆、彩色糖粒

香草、焦糖、坚果

香草、焦糖、彩色糖粒

洛克数学启蒙

1

《虫虫大游行》	比较
《超人麦迪》	比较轻重
《一双袜子》	配对
《马戏团里的形状》	认识形状
《虫虫爱跳舞》	方位
《宇宙无敌舰长》	立体图形
《手套不见了》	奇数和偶数
《跳跃的蜥蜴》	按群计数
《车上的动物们》	加法
《怪兽音乐椅》	减法

2

《小小消防员》	分类
《1、2、3，茄子》	数字排序
《酷炫100天》	认识1~100
《嘀嘀，小汽车来了》	认识规律
《最棒的假期》	收集数据
《时间到了》	认识时间
《大了还是小了》	数字比较
《会数数的奥马利》	计数
《全部加一倍》	倍数
《狂欢购物节》	巧算加法

3

《人人都有蓝莓派》	加法进位
《鲨鱼游泳训练营》	两位数减法
《跳跳猴的游行》	按群计数
《袋鼠专属任务》	乘法算式
《给我分一半》	认识对半平分
《开心嘉年华》	除法
《地球日，万岁》	位值
《起床出发了》	认识时间线
《打喷嚏的马》	预测
《谁猜得对》	估算

4

《我的比较好》	面积
《小胡椒大事记》	认识日历
《柠檬汁特卖》	条形统计图
《圣代冰激凌》	排列组合
《波莉的笔友》	公制单位
《自行车环行赛》	周长
《也许是开心果》	概率
《比零还少》	负数
《灰熊日报》	百分比
《比赛时间到》	时间

MathStart®
洛克数学启蒙 ④

波莉的笔友

[美]斯图尔特·J.墨菲 文　　[美]里米·西马德 图　　静博 译

公制单位

海峡出版发行集团
THE STRAITS PUBLISHING & DISTRIBUTING GROUP　福建少年儿童出版社
FUJIAN CHILDREN'S PUBLISHING HOUSE

献给冈诺德·海尼恩，我的内部加拿大顾问。

———斯图尔特·J.墨菲

献给哈丽雅特。

———里米·西马德

POLLY'S PEN PAL

Text Copyright © 2005 by Stuart J. Murphy

Illustration Copyright © 2005 by Rémy Simard

Published by arrangement with HarperCollins Children's Books, a division of HarperCollins Publishers through Bardon-Chinese Media Agency

Simplified Chinese translation copyright © 2023 by Look Book (Beijing) Cultural Development Co., Ltd.

ALL RIGHTS RESERVED

著作权合同登记号：图字 13-2023-038号

图书在版编目（CIP）数据

洛克数学启蒙. 4. 波莉的笔友 / (美) 斯图尔特·J.墨菲文；(美) 里米·西马德图；静博译. -- 福州：福建少年儿童出版社, 2023.9

ISBN 978-7-5395-8246-7

Ⅰ.①洛… Ⅱ.①斯… ②里… ③静… Ⅲ.①数学 - 儿童读物 Ⅳ.①O1-49

中国国家版本馆CIP数据核字(2023)第074398号

LUOKE SHUXUE QIMENG 4 · BOLI DE BIYOU

洛克数学启蒙4·波莉的笔友

著　　者：[美]斯图尔特·J.墨菲　文　　[美]里米·西马德　图　　静博　译

出 版 人：陈远　出版发行：福建少年儿童出版社　http://www.fjcp.com　e-mail:fcph@fjcp.com　社址：福州市东水路 76 号 17 层（邮编：350001）

选题策划：洛克博克　责任编辑：邓涛　助理编辑：陈若芸　特约编辑：刘丹亭　美术设计：翠翠　电话：010-53606116（发行部）　印刷：北京利丰雅高长城印刷有限公司

开　　本：889 毫米 ×1092 毫米　1/16　印张：2.5　版次：2023 年 9 月第 1 版　印次：2023 年 9 月第 1 次印刷　ISBN 978-7-5395-8246-7　定价：24.80 元

波莉的笔友

收件人：艾莉

主题：笔友

亲爱的艾莉：

　　你好！

　　我的老师把你的电子邮箱地址给了我，这样我们就可以成为笔友了。太酷了！老师说，虽然你住在加拿大，我住在美国，但我们有很多共同点。我们都是8岁，名字里都有一个"莉"字。我的真名叫普莉希拉，不过大家都叫我波莉。艾莉是艾莉逊的简称，对吗？除了名字，我们还有其他相像的地方吗？我喜欢打垒球，你呢？

你的朋友
波莉

"我交了一个新笔友。"波莉对家人说，"我已经给她写信了。她住在加拿大的蒙特利尔。我的老师说，结交外国笔友可以让我学到很多东西。"

　　"过阵子我要去蒙特利尔出差，"爸爸说，"也许我可以带你去见见这个笔友。"

“波莉，你有一封新邮件。”第二天，妈妈对波莉说。

“让我看看。”波莉说。

收件人：波莉

主题：笔友

亲爱的波莉：

　　太神奇了！我可以确定我们有很多相似之处。只是相比于打垒球，我更喜欢读关于马的书。我最喜欢的颜色是紫色，你呢？我有一个妹妹和一个弟弟，还有一只猫。你有兄弟姐妹或者宠物吗？我的身高是125厘米，你呢？

你的新朋友
艾莉

　　另外，告诉我你的地址，我要给你寄一张我的照片，还要附上一张便条——是用真正的笔写的哟！

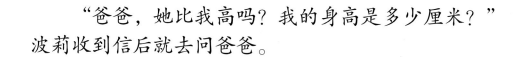

"爸爸，她比我高吗？我的身高是多少厘米？"
波莉收到信后就去问爸爸。

让我看看。我的棒球棍大约是1米长，也就是100厘米。它的 $\frac{1}{4}$ 就是25厘米。

你的身高和艾莉差不多。也许只有几厘米的差别，1厘米大概就是我小指的宽度。

波莉急匆匆地开始回邮件。

收件人：艾莉

主题：几乎相同

艾莉：

你好！

真不敢相信，我们居然有这么多相似之处。我没有兄弟姐妹，但我有一只猫。你知道吗？我的垒球服就是紫色的！爸爸说，我的身高差不多也是125厘米。你的体重是多少呢？

你的好友

波莉·罗曼诺

（我是半个意大利人）

13

波莉每天参加完垒球训练回到家，就会查看门口的邮筒。终于有一天，她收到了一个大大的信封，是艾莉逊·勒米厄寄来的。

波莉匆忙跑进房间，拆开信封。

波莉：

　　你好！

　　我也有意大利血统！此外，我还有部分荷兰血统和法国血统，所以我的姓氏来自法国。我的体重是25千克。你也给我寄几张你的照片吧。

你的真笔友
艾莉

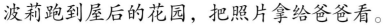
波莉跑到屋后的花园，把照片拿给爸爸看。

我打赌，我的体重差不多也是25千克。

嗯，你和艾莉的体重大概只相差1到2千克。1千克等于1000克，1克差不多就是一片叶子的重量。

这时，爸爸突然宣布了一个惊喜。"没想到吧？"他说，"我下周就要去蒙特利尔出差。我写信向旅行社咨询，他们寄给我一张地图，还帮我找到一家离艾莉家很近的酒店。你想跟我一起去吗？"

"太好了！我可以见到艾莉了！"波莉兴奋地喊道。她赶紧冲到电脑旁写邮件，把这个好消息分享给艾莉。

过了一会儿，波莉和爸爸开始看地图，发现他们目前距离蒙特利尔大约450千米。"1千米是多长呢？"波莉问。

　　"1千米等于1000米。"爸爸说，"你看，我们住在离学校5个街区的地方，这个距离大概是1千米。"

加拿大

蒙特利尔市

纽约州

⌂ 波莉的家

美国

大西洋

| 0 | 100 | 200 | 300 | 400 | 500 千米 |

　　一周后，波莉和爸爸出发去了蒙特利尔。他们很快穿过边境，进入了加拿大，然后停下来给汽车加油。"油箱快空了，"爸爸说，"我需要加好几升油呢。"

23

到达蒙特利尔的酒店后，波莉迫不及待地站到体重秤上。体重秤显示她的体重是26千克。

"几乎和艾莉一样重呢。"她说。

波莉的爸爸拿出手机，让她给艾莉打电话。"我到蒙特利尔了。"波莉兴奋地说。

"太好了！"艾莉说，"我把来我家的路线告诉你，你记一下。"

波莉和爸爸并没在纸上标记路线，而是匆匆来到了酒店外。

"首先，"艾莉说，"出了酒店大门向左转，大约走100米。1米差不多是我走2步的距离。"

100米大概需要走200步。

波莉和爸爸一边走一边听艾莉说着路线。"你会路过一家玩具店和一家冰激凌店。"艾莉说，"然后你们就来到了街道的拐角处。"波莉抬头看了一下，点点头。

"向左转，再走约60米，"艾莉继续说，"你会看到一栋灰色的房子。沿着人行道往前走，然后就到我家门口啦。"
　　"好的，"波莉说，"我想我知道该怎么走了。"
　　"太好了，"艾莉说，"你大概什么时候能到？哎呀，门铃响了！稍等，我马上回来。"

还有120步！

29

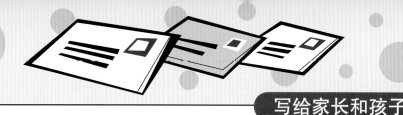

写给家长和孩子

《波莉的笔友》所涉及的数学概念是公制单位。要想帮助孩子熟悉常用的公制单位，很重要的一点就是将它们与日常生活中的物品联系起来。例如，1厘米约等于小指的宽度。

对于《波莉的笔友》所呈现的数学概念，如果你们想从中获得更多乐趣，有以下几条建议：

1. 和孩子一起读故事，并列出波莉和艾莉的相似之处。

2. 在这个故事中，棒球棍的长度被用来作为1米的近似量。看看你能不能在家中找到更多1米的近似量，也许你家餐边柜的高度差不多就是1米。

3. 1千克的近似量可能是1根棒球棍或1个大柚子的重量。让孩子感受其中一个物体的重量，然后将它跟铁块、袜子、糖果等其他物体进行比较，并由此判断其他物体的重量是大于1千克还是小于1千克。

4. 取一把带厘米刻度的尺子，让孩子量一量家里日常用品的长度或高度。

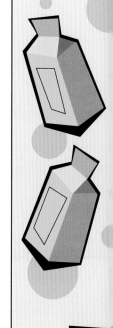

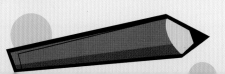

如果你想将本书中的数学概念扩展到孩子的日常生活中，可以参考以下这些游戏活动：

　　1. 身体数据：让孩子躺在一张大纸或报纸上，用记号笔画出他身体的轮廓。以厘米为单位，帮助孩子测量出自己的身高，胳膊、腿的长度，以及一根小指的长度。以千克为单位，用体重秤测量出孩子的体重。画一个图表，将这些测量数据记录下来。

　　2. 骑行估算：找一条当地学校的跑道（大多数跑道一圈是400米），绕着跑道骑行2圈半，让孩子感受1千米有多长。下次骑车时，让孩子估计一下自己骑了多少千米（如果骑行距离不足1千米，可以估算一下它大概是1千米的几分之几）。

　　3. 寻宝游戏：把绳子剪成几根长度为10厘米的小段。和孩子们玩游戏时，把绳子分发给孩子们，让他们找一找哪些物体大约有10厘米长。谁先找到5个符合条件的物体，谁就是赢家。

洛克数学启蒙

1

《虫虫大游行》	比较
《超人麦迪》	比较轻重
《一双袜子》	配对
《马戏团里的形状》	认识形状
《虫虫爱跳舞》	方位
《宇宙无敌舰长》	立体图形
《手套不见了》	奇数和偶数
《跳跃的蜥蜴》	按群计数
《车上的动物们》	加法
《怪兽音乐椅》	减法

2

《小小消防员》	分类
《1、2、3，茄子》	数字排序
《酷炫100天》	认识1~100
《嘀嘀，小汽车来了》	认识规律
《最棒的假期》	收集数据
《时间到了》	认识时间
《大了还是小了》	数字比较
《会数数的奥马利》	计数
《全部加一倍》	倍数
《狂欢购物节》	巧算加法

3

《人人都有蓝莓派》	加法进位
《鲨鱼游泳训练营》	两位数减法
《跳跳猴的游行》	按群计数
《袋鼠专属任务》	乘法算式
《给我分一半》	认识对半平分
《开心嘉年华》	除法
《地球日，万岁》	位值
《起床出发了》	认识时间线
《打喷嚏的马》	预测
《谁猜得对》	估算

4

《我的比较好》	面积
《小胡椒大事记》	认识日历
《柠檬汁特卖》	条形统计图
《圣代冰激凌》	排列组合
《波莉的笔友》	公制单位
《自行车环行赛》	周长
《也许是开心果》	概率
《比零还少》	负数
《灰熊日报》	百分比
《比赛时间到》	时间

MathStart®
洛克数学启蒙 ④

自行车环行赛

[美]斯图尔特·J.墨菲 文　　[美]迈克·里德 图　　易若是 译

海峡出版发行集团 福建少年儿童出版社
THE STRAITS PUBLISHING & DISTRIBUTING GROUP　FUJIAN CHILDREN'S PUBLISHING HOUSE

献给加里·法蓉特——他脑袋里总是有很多好主意在打转。

——斯图尔特·J.墨菲

献给简、亚历克斯和乔。

——迈克·里德

RACING AROUND

Text Copyright © 2002 by Stuart J. Murphy

Illustration Copyright © 2002 by Mike Reed

Published by arrangement with HarperCollins Children's Books, a division of HarperCollins Publishers through Bardon-Chinese Media Agency

Simplified Chinese translation copyright © 2023 by Look Book (Beijing) Cultural Development Co., Ltd.

ALL RIGHTS RESERVED

著作权合同登记号：图字 13-2023-038号

图书在版编目（CIP）数据

洛克数学启蒙. 4. 自行车环行赛 / (美) 斯图尔特
·J.墨菲文；(美) 迈克·里德图；易若是译. -- 福州：
福建少年儿童出版社，2023.9
　ISBN 978-7-5395-8247-4

　Ⅰ.①洛… Ⅱ.①斯… ②迈… ③易… Ⅲ.①数学-
儿童读物 Ⅳ.①O1-49

中国国家版本馆CIP数据核字(2023)第074657号

LUOKE SHUXUE QIMENG 4 · ZIXINGCHE HUANXINGSAI
洛克数学启蒙4·自行车环行赛

著　者：[美]斯图尔特·J.墨菲　文　[美]迈克·里德　图　易若是　译
出 版 人：陈远　出版发行：福建少年儿童出版社 http://www.fjcp.com　e-mail:fcph@fjcp.com　社址：福州市东水路76号17层（邮编：350001）
选题策划：洛克博克　责任编辑：邓涛　助理编辑：陈若芸　特约编辑：刘丹亭　美术设计：翠翠　电话：010-53606116（发行部）　印刷：北京利丰雅高长城印刷有限公司
开　本：889 毫米 ×1092 毫米 1/16　印张：2.5　版次：2023 年 9 月第 1 版　印次：2023 年 9 月第 1 次印刷　ISBN 978-7-5395-8247-4　定价：24.80 元

自行车环行赛

"这个比赛我已经参加过两次了，"贾斯廷得意地说，"这是一条环形赛道，需要绕着公园骑一圈。赢得今年这场比赛的话，我就有3枚奖牌了。"

"好吧，我今年也要参加比赛！"玛丽萨说，"我参加过10英里（约16千米）骑行赛，这次的距离还短一些呢。"

"我也想试试。"他们的弟弟迈克说道。

就连小狗宾果看上去都很想参赛呢！

"你是不可能骑完全程的。"贾斯廷大笑着说道。

"你还是等几年再参加吧！"玛丽萨补充道。

"不行。"迈克坚定地说道，"我可以的。昨天我还绕着运动场骑了一圈呢！我敢说，那距离就跟这次比赛一样远！"

"你确定？"贾斯廷说，"还记得我过生日时收到的计程器吗？它能准确测量出距离。我们来测测看你能骑多远吧。"

年度15千米
自行车比赛
骑完全程即
可获得奖牌

7

迈克从运动场的拐角处出发，沿着运动场的第一条边往前骑，计程器显示骑行距离为1千米。接着，他开始沿着与第一条边相交的另一条边往前骑，骑完后，计程器的测量结果是3千米。也就是说，运动场第二条边的长度为2千米。第三条边的长度仍是1千米，沿着这条边骑完，计程器显示的测量结果为4千米。

最后一条边的长度也是2千米。

"看，你已经骑完全程啦！这个运动场的周长只有6千米。"贾斯廷说。

"那还不到15千米的一半呢！"玛丽萨说。

但是迈克没有放弃。第二天，贾斯廷和玛丽萨出门后，迈克让爸爸在他的报名表上签字。

"我要参加比赛！"等哥哥和姐姐回来后，他大声宣布，"今天我绕着动物园骑了整整一圈，我敢说那距离差不多有15千米了。"

"不可能。"玛丽萨说。

"我明天测测看。"贾斯廷说。

动物园

入口处

终点

起点

3

2

2

1

1

12

第二天早上，贾斯廷骑自行车去了动物园。他把计程器上的数字调到0后，便沿着动物园入口所在的那条街出发了。当他骑到猴馆时，计程器显示的测量结果是2千米。从猴馆到海豹馆的距离是1千米。因为到达海豹馆时，计程器显示的测量结果是3千米。狮子山在海豹馆前方1千米处。等贾斯廷骑到狮子山时，他总共骑了4千米。

　　继续向前骑了2千米后，贾斯廷到达鸟舍。现在计程器上显示的测量结果是6千米。他又骑了3千米，便回到了入口处。

　　玛丽萨、迈克和小狗宾果都在那儿等着他呢！

　　"总共有多远？"迈克大声问他。

　　"只有9千米。"贾斯廷回答。

　　"离15千米还差不少呢。"玛丽萨说道。

比赛的日子终于到了。贾斯廷、玛丽萨和迈克都来到了起点处。

"迈克，你就在这儿等我们吧！"玛丽萨说。

但是，当贾斯廷和玛丽萨去排队的时候，迈克急忙赶到报名处，把家长签字的同意书交给了工作人员。

"这场比赛的骑行距离很长，"工作人员说，"你确定你能骑完全程吗？"

"是的，"迈克回答道，"我确定！"

15

迈克排在队伍的
最后。贾斯廷和玛丽
萨没有看到他。
"宾果，你在这
儿等我！"迈克说。

"赛车手们，各就各位！"一个男
人举着扩音器喊道，"预备！出发！"
所有的自行车都飞速冲了出去。

4
千米

在第一段直道上，迈克
一直紧跟在大部队后面。
"这太简单了！"迈克
欢呼道。

接着他开始爬小山坡了。他用力蹬着脚踏板，很快就到达了山顶。

迈克沿着下坡道快速滑行到山脚，看到了路边的里程牌。

"太棒了！"迈克兴奋地喊道，"我一定能成功的！"

但是当他转过弯后，发现前面是一段又长又陡的上坡路。他用力往上骑，往上骑，往上骑……

"看来我永远也到不了山顶了！"迈克沮丧地想。

迈克的视线范围内只有两三个赛车手，他被落在最后了。

11千米

终于，迈克骑上了山顶。他实在骑不动了，只得停下来休息几分钟。但是他坚决不放弃。

前方是一段平坦的大道。迈克使出全身的力气，使劲蹬着脚踏板。他看到前面不远处有一块标着12千米的里程牌。

"快到终点了！"迈克累得气喘吁吁。

忽然，他的车轮轧到了一块石头。迈克的身子往前一倾，从自行车上弹了出去，摔倒在地。

此时的迈克筋疲力尽，汗流浃背，浑身都湿透了，
就连膝盖也受伤了。他不想继续比赛了。

　　"他们说得对，"迈克想，"我不可能骑完全程。"
　　就在这时，迈克听到远处传来了一阵叫声，那声音听起来像是狗叫。

是宾果！

宾果快速奔入迈克的怀抱，对着他一顿狂舔。迈克大笑起来。

"宾果，你是来找我的吗？"他问道，

"我想我还是得完成比赛才行！"

迈克又骑上他的自行车。

4.0

起点

15
干米

↑ 终点

3.0

12
干米

1.0

贾斯廷和玛丽萨已经骑过终点线了。"迈克哪儿去了？"玛丽萨问道，"他应该在这里等我们的。"

"还有宾果呢？"贾斯廷也一脸疑惑。

接着，他们听到那个举着扩音器的男人大声宣布："各位，请为我们的最后一位骑手欢呼吧！他刚刚绕过环形赛道的拐弯处朝这里骑来！"

贾斯廷和玛丽萨兴奋地跑到终点附近，正好看到宾果喘着气冲过终点线。在它旁边的，就是迈克。

"干得好啊，小弟！"贾斯廷大声喊道。

迈克刹住车，从车上跳下来。

"我早就说过，"他骄傲地说，"我一定能骑完全程！"

写给家长和孩子

　　《自行车环行赛》所涉及的数学概念是周长，或者说是绕某个图形一周的长度。周长是一个可以帮助孩子了解形状的特点和距离的几何概念。

　　对于《自行车环行赛》所呈现的数学概念，如果你们想从中获得更多乐趣，有以下几条建议：

1. 在阅读本书前，先跟孩子讨论一下1千米有多长，10千米又有多长。

2. 与孩子一起阅读故事。在阅读的过程中，可以让孩子用手指沿着书中的运动场、动物园和环形赛道的周围移动。让孩子将图形每条边的长度相加，来算出周长。

3. 找一把尺子，和孩子一起量一量家中物品的周长，例如相框、桌面或电视屏幕。绘制出每个物体的平面图，并在图上记录下每条边的长度，然后算出周长。

4. 准备6张正方形纸片或6块正方形瓷砖，将它们拼在一起，使得每个正方形至少有一条边跟另一个正方形的边挨在一起。数一数这些正方形共有多少条边没有与其他正方形的边相接，计算出你拼出的图形的周长。试试用这6个正方形拼出更多图形，并计算出它们的周长。

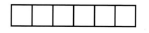
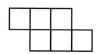

周长=14条边的总和　　　　周长=12条边的总和

如果你想将本书中的数学概念扩展到孩子的日常生活中，可以参考以下这些游戏活动：

1. 制作相框：找一张孩子最喜欢的照片，测量出它的周长。用硬卡纸为这张照片做一个相框，然后测量出相框的周长。

2. 亲子骑行：绕着你们喜欢的某个地方，和孩子来一次自行车之旅，注意路线的终点要跟起点重合。画一张路线图，标出每段路程的长度（以千米为单位），最后计算出全程的距离。祝你们旅途愉快！

3. 访问网站：访问一个动物园或游乐园的网站，找到网站提供的地图，和孩子一起根据地图计算出园区的周长。

洛克数学启蒙

MathStart®

洛克数学启蒙❹

MathStart®
洛克数学启蒙④

也许是开心果

[美]斯图尔特·J.墨菲 文　　[美]玛莎·温伯恩 图　　静博 译

海峡出版发行集团 THE STRAITS PUBLISHING & DISTRIBUTING GROUP | 福建少年儿童出版社 FUJIAN CHILDREN'S PUBLISHING HOUSE

概率

纪念M.E.M，和童年时我们多次为吃开心果冰激凌而紧急停车的经历。

——斯图尔特·J.墨菲

PROBABLY PISTACHIO

Text Copyright © 2001 by Stuart J. Murphy

Illustration Copyright © 2001 by Marsha Winborn

Published by arrangement with HarperCollins Children's Books, a division of HarperCollins Publishers through Bardon-Chinese Media Agency

Simplified Chinese translation copyright © 2023 by Look Book (Beijing) Cultural Development Co., Ltd.

ALL RIGHTS RESERVED

著作权合同登记号：图字 13-2023-038号

图书在版编目（CIP）数据

洛克数学启蒙.4.也许是开心果 / (美) 斯图尔特
·J.墨菲文；(美) 玛莎·温伯恩图；静博译. -- 福州：
福建少年儿童出版社，2023.9
ISBN 978-7-5395-8248-1

Ⅰ.①洛… Ⅱ.①斯… ②玛… ③静… Ⅲ.①数学－
儿童读物 Ⅳ.①O1-49

中国国家版本馆CIP数据核字(2023)第074658号

LUOKE SHUXUE QIMENG 4·YEXU SHI KAIXINGUO

洛克数学启蒙4·也许是开心果

著　　者：[美]斯图尔特·J.墨菲　文　[美]玛莎·温伯恩　图　静博　译
出 版 人：陈远　出版发行：福建少年儿童出版社　http://www.fjcp.com　e-mail:fcph@fjcp.com　社址：福州市东水路 76 号 17 层 [邮编：350001]
选题策划：洛克博克　责任编辑：邓涛　助理编辑：陈若芸　特约编辑：刘丹亭　美术设计：翠翠　电话：010-53606116 [发行部]　印刷：北京利丰雅高长城印刷有限公司
开　　本：889 毫米 ×1092 毫米　1/16　印张：2.5　版次：2023 年 9 月第 1 版　印次：2023 年 9 月第 1 次印刷　ISBN 978-7-5395-8248-1　定价：24.80 元

那天是星期一，所有一切都不顺心。
闹钟根本没响。

我怎么也找不到那双
特别喜欢的球鞋。

我不小心被我的狗狗海盗
绊了一跤，膝盖磕得好痛。

哎哟！

还有，今天轮到爸爸准备午餐。

如果是妈妈准备午餐，星期一很可能会吃熏牛肉。熏牛肉可是这个世界上我最喜欢吃的食物。可是如果换成爸爸准备午餐，那你永远不知道会吃到什么，可能是火腿加奶酪，也可能是花生酱加果冻，甚至还有可能是金枪鱼。

我真的很讨厌金枪鱼。

到了学校，我满脑子想的都是熏牛肉。这时，我想起艾玛几乎天天都带熏牛肉三明治。上个星期，她只有周四没带熏牛肉。

　　数学课上，我的大脑开始飞速运转，一直想着艾玛的三明治，连老师叫我，我都没听见。还有，我又重新抄写了一遍作业，因为作业本被我弄湿了。

终于等到了午餐时间，教室里只剩下一个挨着艾玛的座位。也许我要开始走好运了！

"要不要和我交换午餐？"我问艾玛，"我今天带了金枪鱼。"

"太棒了！"艾玛立刻说道，"我喜欢金枪鱼。"

　　放学以后，我和我最好的朋友艾利克斯一起去踢足球。
我喜欢踢足球，所以我觉得不会遇到什么糟糕的事情。

教练通常让我们通过"1、2，1、2"的报数方式来分组，然后把我们分成两组进行练习。每次只要确保我和艾利克斯之间隔着一个人，我们就能分在同一组。

可今天教练对大家说："孩子们，今天我们来尝试些新方法。请你们按照'1、2、3，1、2、3'的顺序报数，这样我们就能分成三个小组来练习踢球和传球。"

我想和克里斯交换位置，这样我就能和艾利克斯一组了。
可是已经来不及了。

山姆　　艾利克斯　　桑迪　　杰克　　克里斯　　潘妮　　切克
1　　　　2　　　　3　　　　1　　　　2　　　　3　　　　1

哦，不要！今天我没法和艾利克斯在同一组了。

每次训练结束后，教练总是会请大家吃点小零食。今天，他在零食筐里放了椒盐脆饼和薄脆饼干，还有几袋爆米花。除了熏牛肉以外，爆米花是这个世界上我最爱吃的食物。

教练把零食筐端过来，让我们依次挑选。我看见艾利克斯拿了一袋爆米花，真希望轮到我的时候还有爆米花。

估计我拿不到爆米花了，不过还有希望！

17

等轮到我的时候，我还在期待能拿到爆米花。
"快点拿呀，杰克。"教练说。
我迅速地从筐里抓了一袋。

是椒盐脆饼！真是不敢相信！在这个世界上，除了
金枪鱼和肝泥香肠，我最讨厌的食物就是椒盐脆饼了。

在回家的路上，我快饿晕了。早上因为赶时间，我就没吃上几口早饭。艾玛的肝泥香肠三明治我一口都没吃。椒盐脆饼也都留给海盗吃了。

当我踏进家门的那一刻，我闻到整间屋子都飘满了很像比萨的香味。我太开心了。除了熏牛肉和爆米花，比萨是这个世界上我最爱的食物。

比萨可能会出现的日子

| 星期日 | 星期一 | 星期二 | 星期三 | 星期四 | 星期五 | 星期六 |

比萨不会出现的日子

星期一吃比萨？这不太可能吧！但这香味闻起来确实很像比萨的味道……

爸爸站在厨房里，手里不停地搅拌着炉子上的一口大锅。

"今天我们吃比萨吗？"我问。

"你知道今天不是比萨之夜，"爸爸回答，
"我在做意大利面和肉丸。"

23

妈妈在我摆放餐具的时候兴冲冲地走了进来。

"我有一个惊喜!"她说,"下班回家的路上,我路过了冰激凌店。"

"今晚的甜品就是冰激凌了!"丽贝卡兴奋地喊道,"太棒啦,妈妈。"

"我买了你爱吃的口味。"妈妈说。

"谁爱吃的？"我不敢肯定，但是妈妈没听见我说的话。丽贝卡最喜欢的是巧克力口味。不过，大家都知道我喜欢什么口味。在这个世界上，除了熏牛肉、爆米花和比萨，我最爱的食物就是开心果味的冰激凌。

妈妈走过来，从袋子里拿出一盒冰激凌。
"谢谢妈妈。"丽贝卡开心极了，"你太伟大了！"

我真希望这糟糕的一天赶紧结束。

我想上床睡觉。

"嘿，看看这是什么？"妈妈再一次把手伸进袋子里，说，
"我想这里面应该还有一盒。你觉得会是什么口味呢？"

29

这一次我猜对了！

事情终于有了转机。也许明
天的午餐我就能吃到熏牛肉。

写给家长和孩子

《也许是开心果》所涉及的数学概念是概率：预测某一指定事件发生的可能性。学习如何做出合理的预测，可以帮助孩子学会分析数据，从而做出有依据的选择。

对于《也许是开心果》所呈现的数学概念，如果你们想从中获得更多乐趣，有以下几条建议：

1. 和孩子一起读故事，让他预测接下来会发生什么，以及他这样预测的原因。向孩子提出类似这样的问题："你觉得艾玛带的午餐是熏牛肉吗？你为什么这么想？"当孩子对概率有了一定的理解后，可以对他提出这样的问题："为什么杰克的预测没有成真？""如果杰克想让自己的预测更加准确，他可以问艾玛什么问题？"

2. 读完这个故事后，向孩子提问："如果艾玛每周只吃一次熏牛肉三明治，那么当杰克与她交换午餐时，还会期待吃到熏牛肉吗？"

3. 让孩子连续一周记录下学校午餐的供应情况，然后依此预测下周学校午餐的供应情况。

4. 让孩子试着判断一下，某些事件是极有可能发生、有可能发生还是不可能发生。可以建议他对下列事件的发生概率进行预测："你今晚会在8:30上床睡觉。""我们这个星期六都会去游泳。""你们班明天没有人会请假。"

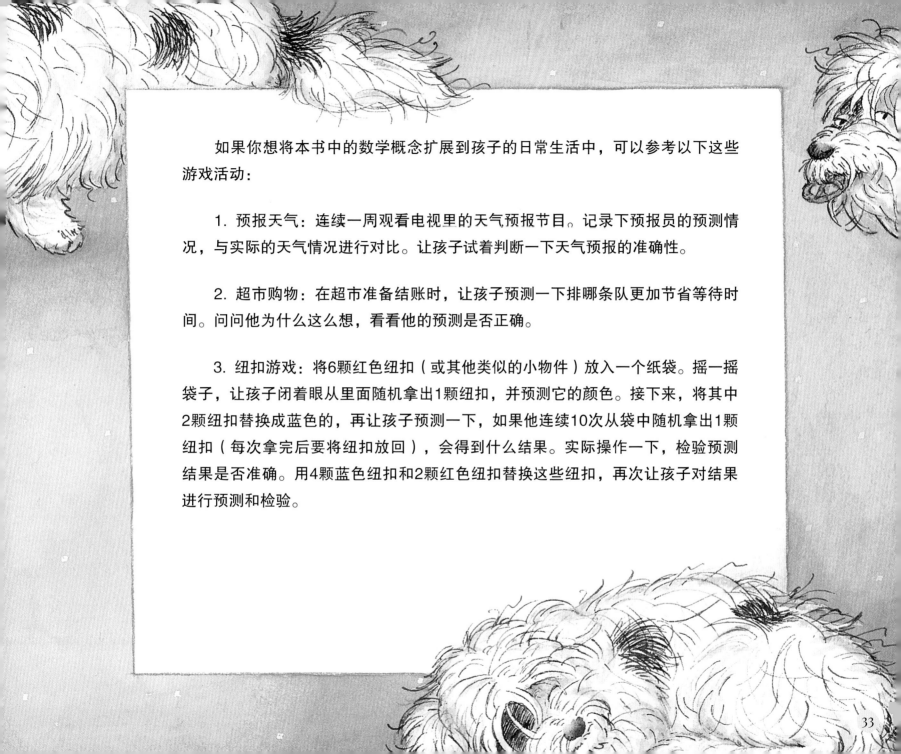

　　如果你想将本书中的数学概念扩展到孩子的日常生活中，可以参考以下这些游戏活动：

　　1. 预报天气：连续一周观看电视里的天气预报节目。记录下预报员的预测情况，与实际的天气情况进行对比。让孩子试着判断一下天气预报的准确性。

　　2. 超市购物：在超市准备结账时，让孩子预测一下排哪条队更加节省等待时间。问问他为什么这么想，看看他的预测是否正确。

　　3. 纽扣游戏：将6颗红色纽扣（或其他类似的小物件）放入一个纸袋。摇一摇袋子，让孩子闭着眼从里面随机拿出1颗纽扣，并预测它的颜色。接下来，将其中2颗纽扣替换成蓝色的，再让孩子预测一下，如果他连续10次从袋中随机拿出1颗纽扣（每次拿完后要将纽扣放回），会得到什么结果。实际操作一下，检验预测结果是否准确。用4颗蓝色纽扣和2颗红色纽扣替换这些纽扣，再次让孩子对结果进行预测和检验。

洛克数学启蒙

1

《虫虫大游行》	比较
《超人麦迪》	比较轻重
《一双袜子》	配对
《马戏团里的形状》	认识形状
《虫虫爱跳舞》	方位
《宇宙无敌舰长》	立体图形
《手套不见了》	奇数和偶数
《跳跃的蜥蜴》	按群计数
《车上的动物们》	加法
《怪兽音乐椅》	减法

2

《小小消防员》	分类
《1、2、3，茄子》	数字排序
《酷炫100天》	认识1-100
《嘀嘀，小汽车来了》	认识规律
《最棒的假期》	收集数据
《时间到了》	认识时间
《大了还是小了》	数字比较
《会数数的奥马利》	计数
《全部加一倍》	倍数
《狂欢购物节》	巧算加法

3

《人人都有蓝莓派》	加法进位
《鲨鱼游泳训练营》	两位数减法
《跳跳猴的游行》	按群计数
《袋鼠专属任务》	乘法算式
《给我分一半》	认识对半平分
《开心嘉年华》	除法
《地球日，万岁》	位值
《起床出发了》	认识时间线
《打喷嚏的马》	预测
《谁猜得对》	估算

4

《我的比较好》	面积
《小胡椒大事记》	认识日历
《柠檬汁特卖》	条形统计图
《圣代冰激凌》	排列组合
《波莉的笔友》	公制单位
《自行车环行赛》	周长
《也许是开心果》	概率
《比零还少》	负数
《灰熊日报》	百分比
《比赛时间到》	时间

MathStart®
洛克数学启蒙❹

MathStart®
洛克数学启蒙④

比零还少

[美]斯图尔特·J.墨菲　文　　[美]弗兰克·雷姆基维茨　图　　静博　译

负数

海峡出版发行集团
THE STRAITS PUBLISHING & DISTRIBUTING GROUP | 福建少年儿童出版社
FUJIAN CHILDREN'S PUBLISHING HOUSE

献给希瑟，一个从零做起并能达成目标的人。

——斯图尔特·J.墨菲

献给帕姆·布朗，一个企鹅爱好者，并为此感到骄傲的人。

——弗兰克·雷姆基维茨

著作权合同登记号：图字 13-2023-038号

图书在版编目（CIP）数据

洛克数学启蒙. 4. 比零还少 / (美) 斯图尔特·J.
墨菲文；(美) 弗兰克·雷姆基维茨图；静博译. -- 福
州：福建少年儿童出版社，2023.9
ISBN 978-7-5395-8249-8

Ⅰ.①洛… Ⅱ.①斯… ②弗… ③静… Ⅲ.①数学 -
儿童读物 Ⅳ.①O1-49

中国国家版本馆CIP数据核字(2023)第074659号

LUOKE SHUXUE QIMENG 4 · BI LING HAI SHAO

洛克数学启蒙4·比零还少

著　者：[美] 斯图尔特·J.墨菲　文　[美] 弗兰克·雷姆基维茨　图　静博　译
出 版 人：陈远　出版发行：福建少年儿童出版社　http://www.fjcp.com　e-mail:fcph@fjcp.com　社址：福州市东水路 76 号 17 层（邮编：350001）
选题策划：洛克博克　责任编辑：邓涛　助理编辑：陈若芸　特约编辑：刘丹亭　美术设计：翠翠　电话：010-53606116（发行部）　印刷：北京利丰雅高长城印刷有限公司
开　本：889 毫米 ×1092 毫米　1/16　印张：2.5　版次：2023 年 9 月第 1 版　印次：2023 年 9 月第 1 次印刷　ISBN 978-7-5395-8249-8　定价：24.80 元

佩里所有的朋友都有冰上滑板车。他们可以嗖的一下滑到学校，再咻的一下滑去溜冰场。富齐能在冰面上轻松地滑出"8"字图案。巴尔迪甚至能做出空翻的动作。

佩里也想拥有一辆滑板车。但佩里的爸爸告诉他，他必须自己攒够9个蛤蜊才能买滑板车。

"可我一个蛤蜊都没有。"佩里小声说道，"一个都没有！"

　　星期一的早上，佩里的妈妈说："如果你能修整好门口的冰，我会付给你4个蛤蜊。"

　　"这可是个苦差事。"佩里说。

　　"但你可以赚到很多蛤蜊呀。"妈妈说。

　　佩里一下午都在修整门前的冰。

到了晚上，佩里终于有了属于他的4个蛤蜊。他拿起笔记本，准备在上面画一张图表，用来记录他获得的蛤蜊的数量。

佩里在图表的顶端写下"星期天"和"星期一"，并在图表的左侧标注了蛤蜊的数量。他在对应星期日和0的位置画了一个大圆点，又在对应星期一和4的位置画了一个大圆点。然后，他画了一条线，把这两个点连接起来。

"哇！仅仅一天，我就从0个蛤蜊攒到了4个蛤蜊。"佩里心里乐开了花。

星期二早上，佩里的朋友富齐打来电话："你想去看冰上马戏团的表演吗？门票只要5个蛤蜊。"

　　冰上马戏团有海豹特技演员和特别受欢迎的北极熊小丑，还有巨大的冰雪冰激凌。佩里太想去了。"可我只有4个蛤蜊。"他对富齐说。

　　"我可以借你1个蛤蜊，下周还我就行。"富齐说。

　　冰上马戏团的表演实在太精彩了！

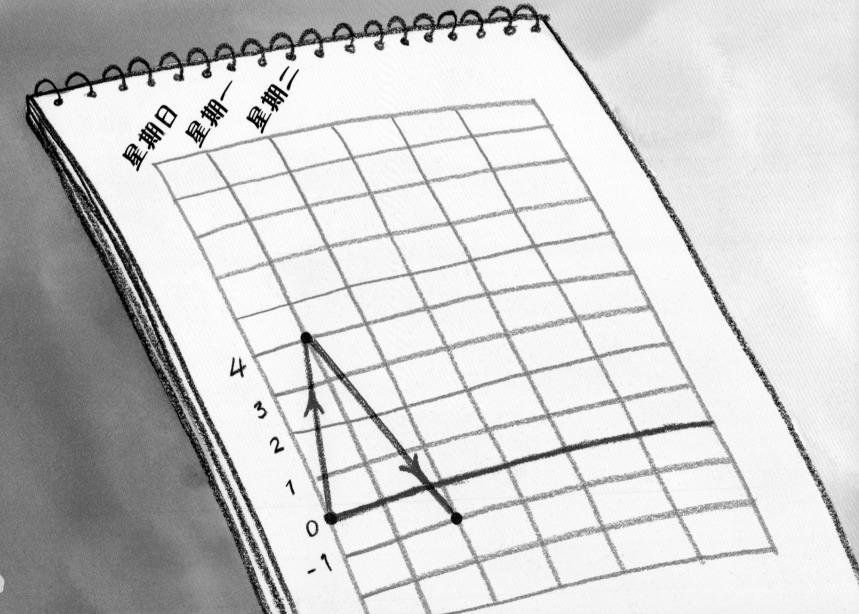

佩里回到家，拿出笔记本。他不仅花掉了自己的4个蛤蜊，还向富齐借了1个。

他在图表的顶端写上"星期二"，然后从上一个圆点处往下数了5行，表示他花了多少个蛤蜊。他在0的下面写下了–1，接着在对应星期二和–1的位置画了一个大圆点，又从星期一对应的圆点到星期二对应的圆点之间画了一条线。

"天哪"，佩里心想，"我的蛤蜊数量一下从4变成–1，比0还要少！"

第二天滑冰训练结束的时候，学校大门口停了一辆小鱼零食车。佩里的朋友们都踩着滑板车飞奔了过去。

"快来，"巴尔迪说，"买条小鱼吃吧。"

"可我一个蛤蜊都没有了。"佩里说，"而且我还欠富齐1个蛤蜊。"

"没关系，我可以借你2个蛤蜊用来买鱼。"巴尔迪说。

佩里无法拒绝美味。"我最喜欢沙丁鱼。"他说。

小鱼的味道实在太棒了。

那天晚上，佩里又拿出笔记本。

佩里再次往下数了两行，表示他从巴尔迪那里借了2个蛤蜊。他在-1下面写下了-2和-3。

他在图表的顶端写下"星期三"，又在对应星期三和-3的位置画了一个大大的圆点，接着用线将星期二对应的圆点和星期三对应的圆点连了起来。

"哦，天哪，"佩里心中暗想，"现在我的蛤蜊数比0少了3！"

第二天早上，佩里没有出门。他的朋友们都在外面玩冰上滑板车。看他们玩实在没什么意思。

佩里躺在地板上叹气。这时，沙发下的某个东西吸引了他的目光。

是一个蛤蜊！

"哇！"他心想，"也许家里其他地方还藏着更多的蛤蜊。"

佩里开始了一场蛤蜊大搜索。他到处翻看——微波炉后面、冷却炉上面，甚至连冰箱里都找了一遍。最后，他一共找到了8个蛤蜊。爸爸说这些蛤蜊全归佩里了。

佩里跑进他的房间，把笔记本拿了出来。

佩里在图表的顶端写下"星期四"，然后向上数了8行，落在了数字5的位置。他在对应星期四和5的位置画了一个大圆点，然后在星期三对应的圆点和星期四对应的圆点之间画了一条线。

"把欠巴尔迪和富齐的3个蛤蜊还回去后，我还剩下5个蛤蜊。"
佩里心里想着，"要是没借那些蛤蜊该多好啊！"

第二天下午，佩里把所有的蛤蜊装进口袋，出门去见巴尔迪和富齐。当他把手伸进口袋时，却发现里面什么都没有！他把口袋摸了又摸，只摸到了口袋上的一个大洞。

"哦，天哪！"佩里很难过，"真是不敢相信，我竟然把8个蛤蜊都弄丢了。"
富齐和巴尔迪也来帮他找蛤蜊，一直找到天都黑了，可他们一个蛤蜊都没看到。

24

回到家，佩里进了自己的房间，难过地拿出笔记本。

佩里在图表顶端写下"星期五"，他往下数了8行，在星期五和−3的位置画了一个大大的圆点。

他把星期四对应的圆点和星期五对应的圆点用线连起来。

"我又回到了星期三的样子。"佩里很不开心。

"再见，滑板车。"临睡前，他低声说道。

第二天早上佩里一起床，就发现隔壁的斯派克先生来了他家。

"早上好啊，佩里。"斯派克先生说，"还记得昨天你向我挥手的时候我在铲雪吗？"

"嗯。"佩里睡眼惺忪地回答。

"看看你离开后我发现了什么。"斯派克先生把手伸进口袋，掏出8个蛤蜊递给佩里。

佩里说了"谢谢"后，赶紧跑回房间拿出笔记本。

佩里在图表顶端写下"星期六",他从底端往上数了8行,在对应位置画了一个大大的圆点。

他把星期五对应的圆点和星期六对应的圆点用线连起来。

把欠富齐和巴尔迪的蛤蜊还回去后,他还剩下5个。

"不但如此,"斯派克先生接着说,"你的父母告诉我,你很想买一辆冰上滑板车,而我正好需要有人帮我铲雪。你还需要多少个蛤蜊?我现在就给你,你可以替我工作慢慢还回来。"

购买一辆滑板车需要9个蛤蜊。

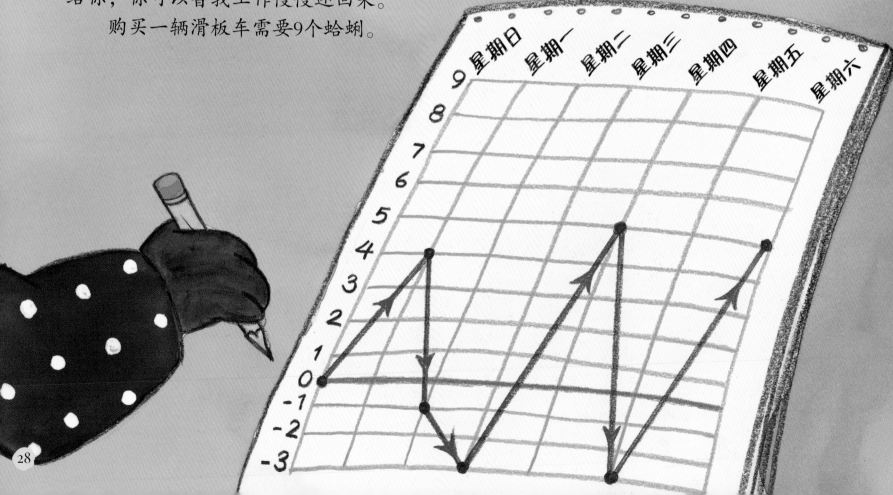

佩里从对应5的位置又往上数了4行，在对应9的位置画了一个大大的圆点，并把两个圆点连起来。

　　"我还需要4个蛤蜊才能买滑板车。"佩里说。斯派克先生递给佩里4个蛤蜊。"如果你能帮我铲4天雪，那我们就扯平了。"他说。

又到了星期日，小鱼零食车又开始营业了。

"好吃的炸鱼条来了，"海豹店主大声叫卖着，"只要3个蛤蜊！"

"要不要买一份？"富齐问。

"我可以借给你3个蛤蜊。"巴尔迪说。

"不要。"佩里坚定地说，"我已经欠斯派克先生4个蛤蜊了，我的'存款'比零还少。不过我有了一辆崭新的滑板车和一份相当不错的工作。"

佩里踩着滑板车去铲雪了。

写给家长和孩子

　　《比零还少》所涉及的数学概念是负数。学习负数可以扩展孩子对数字系统的认识，并帮助他们认知与代数有关的概念。

　　对于《比零还少》所呈现的数学概念，如果你们想从中获得更多乐趣，有以下几条建议：

　　1. 读完故事后，认真观察书中的图表。让孩子根据图表来复述故事，看看佩里拥有的蛤蜊数量发生了什么变化。

　　2. 让孩子来扮演佩里，用纽扣或其他小物品来代表蛤蜊，把这个故事演出来。通过改变物品的数量，表示交易时蛤蜊数量的变化，并让孩子绘制一张与故事中所示相似的图表。

　　3. 创建一个如下图所示的数轴。当你们重读这个故事时，用一个标记（纽扣或硬币）在数轴上记下佩里拥有的蛤蜊数量。把标记放在数字0所代表的位置。当佩里拥有的蛤蜊数量增加时，将标记向右移动到对应数字的位置。当佩里花掉或弄丢了一些蛤蜊时，将标记向左移动到对应的位置。每次移动标记后，向孩子提问："佩里现在有多少个蛤蜊？"

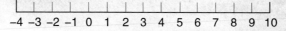

如果你想将本书中的数学概念扩展到孩子的日常生活中，可以参考以下这些游戏活动：

1. 记账：让孩子在笔记本上记录他攒下的零用钱的数额，然后让他在花钱时记录每笔开销的具体金额。和孩子一起讨论，当他的零用钱花完后，如果他还想买东西，会出现什么情况。

2. 绘制地图：画一张地图，在上面标示从你家到公园或当地某个特定地点的距离。用街区或其他等距离的标志物来标注距离。用记号笔或手指，让孩子在地图上向前"走"两个街区，向孩子提问："我们离公园还有多少个街区？"让孩子向后"走"一个街区，再提问："现在我们离公园有多远？"然后进行下面的活动：把起点（你的家）看作数字0，让孩子试着用负数和正数来描述他离公园或离家有多远。

《虫虫大游行》	比较
《超人麦迪》	比较轻重
《一双袜子》	配对
《马戏团里的形状》	认识形状
《虫虫爱跳舞》	方位
《宇宙无敌舰长》	立体图形
《手套不见了》	奇数和偶数
《跳跃的蜥蜴》	按群计数
《车上的动物们》	加法
《怪兽音乐椅》	减法

《小小消防员》	分类
《1、2、3，茄子》	数字排序
《酷炫100天》	认识1-100
《嘀嘀，小汽车来了》	认识规律
《最棒的假期》	收集数据
《时间到了》	认识时间
《大了还是小了》	数字比较
《会数数的奥马利》	计数
《全部加一倍》	倍数
《狂欢购物节》	巧算加法

《人人都有蓝莓派》	加法进位
《鲨鱼游泳训练营》	两位数减法
《跳跳猴的游行》	按群计数
《袋鼠专属任务》	乘法算式
《给我分一半》	认识对半平分
《开心嘉年华》	除法
《地球日，万岁》	位值
《起床出发了》	认识时间线
《打喷嚏的马》	预测
《谁猜得对》	估算

《我的比较好》	面积
《小胡椒大事记》	认识日历
《柠檬汁特卖》	条形统计图
《圣代冰激凌》	排列组合
《波莉的笔友》	公制单位
《自行车环行赛》	周长
《也许是开心果》	概率
《比零还少》	负数
《灰熊日报》	百分比
《比赛时间到》	时间

MathStart®

洛克数学启蒙❹

MathStart®

洛克数学启蒙④

灰熊日报

[美]斯图尔特·J.墨菲 文　　[美]史蒂夫·比约克曼 图　　静博 译

海峡出版发行集团　福建少年儿童出版社
THE STRAITS PUBLISHING & DISTRIBUTING GROUP　FUJIAN CHILDREN'S PUBLISHING HOUSE

百分比

献给埃德娜和拉里——以及快乐的特尔·莫伦营员们。

——斯图尔特·J.墨菲

著作权合同登记号：图字 13-2023-038号

图书在版编目（C I P）数据

洛克数学启蒙. 4. 灰熊日报 / (美) 斯图尔特·J.
墨菲文；(美) 史蒂夫·比约克曼图；静博译. -- 福州:
福建少年儿童出版社，2023.9
    ISBN 978-7-5395-8250-4

Ⅰ.①洛… Ⅱ.①斯… ②史… ③静… Ⅲ.①数学 -
儿童读物 Ⅳ.①O1-49

中国国家版本馆CIP数据核字(2023)第074665号

LUOKE SHUXUE QIMENG 4 · HUIXIONG RIBAO
洛克数学启蒙4·灰熊日报

著 者：[美]斯图尔特·J.墨菲 文 [美]史蒂夫·比约克曼 图 静博 译
出 版 人：陈远 出版发行：福建少年儿童出版社 http://www.fjcp.com e-mail:fcph@fjcp.com 社址：福州市东水路 76 号 17 层（邮编：350001）
选题策划：洛克博克 责任编辑：邓涛 助理编辑：陈若芸 特约编辑：刘丹亭 美术设计：翠翠 电话：010-53606116（发行部） 印刷：北京利丰雅高长城印刷有限公司
开 本：889 毫米 ×1092 毫米 1/16 印张：2.5 版次：2023 年 9 月第 1 版 印次：2023 年 9 月第 1 次印刷 ISBN 978-7-5395-8250-4 定价：24.80 元

"我很乐意参加，"科丽说，"你真的觉得我能赢吗？"

这一天是星期二。这周是大家待在灰熊营的最后一周，到了星期日，每个人都会参与投票，选出营地的代言人。如果科丽赢了，她就可以穿上著名的灰熊服，带领全体100名营员进行灰熊大游行。她的照片也会被永久地陈列在灰熊营的名人堂里。

"你一定会赢的！"雅各布说。

"我很乐意成为灰熊代言人。但丹尼尔和索菲已经开始竞选了。"科丽说。

"丹尼尔真的很受欢迎。"科丽接着说，"索菲又是帆船俱乐部的成员，那可是营地最大的社团。看看《灰熊日报》上的这篇文章。"

《灰熊日报》上设有民意调查专栏。记者们想看看目前谁处在领先位置。于是，他们采访了全体100位营员，了解他们的投票意愿。

然后，他们画出了一张饼状图，展示所有营员的想法。

9

"别担心，"雅各布说，"我们还没开始行动呢。"
"是的，"凯蒂说，"看看那些还没做出决定的人，你还是有机会的。"
"好的，"科丽说，"我会尽最大努力去赢得选票。"

星期三，科丽宣布她会参加竞选。当天下午，《灰熊日报》又进行了一次民意调查。记者们再一次调查了所有营员的投票意愿。

"我们还有很长的路要走。"那天下午，科丽感叹道。

"我们才刚刚开始。"雅各布说。

"你已经赢得了10%的支持。"凯蒂说，"而且只用了一天的时间！"

星期四，丹尼尔向每个营员发放了传单。帆船俱乐部的会员则统一穿上了印有索菲名字的T恤。

科丽走访了所有的小屋，和每个人打招呼。她仔细询问大家，希望代言人在游行时做些什么。

星期五，《灰熊日报》刊登了最新的民意调查。

"你已经赢得了超过20%的支持。"凯蒂说。

"你正在赶上他们！"雅各布说。

灰熊日报

索菲保持领先

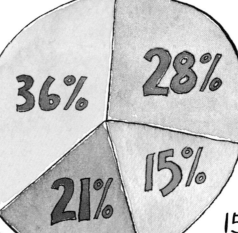

36人说他们会投票给索菲。

28人说他们会投票给丹尼尔。

21人说他们会投票给科丽。

15人还没有做出决定。

75%的营地兔子喜欢胡萝卜蛋糕胜过巧克力奶昔。

　　星期六，丹尼尔向大家分发了棒棒糖。帆船俱乐部为索菲举办了一场帆船赛。在当晚的篝火晚会上，每位候选人都有机会发表一次演讲。

　　"请投票给我！"索菲说，"我会让游行变得别具一格！"接着，她在所有人面前表演了一个侧手翻。

"请投票给我！"丹尼尔说，"大家还记得那些棒棒糖吗？"
下面该轮到科丽了。

科丽站了起来。她虽然有些紧张，但还是很清晰地表达了自己的想法。

"我之前询问了你们中的很多人，想知道大家最希望代言人在游行中做些什么。"她说，"在听到你们的回答后，我决定为营地创作一首新营歌。"

"啊？"丹尼尔表示不解。

"谁会在乎营歌呢？"索菲说。

音乐俱乐部成员全都站了起来，他们开始
弹奏乐器。科丽唱起了灰熊营营歌：

1，2，3，4——
听听我们灰熊的吼叫！
嗷呜，嗷呜，嗷呜！

音乐俱乐部开始绕着篝火转圈。其他营员也一个接着一个地站起来，加入了队列。科丽继续唱道：

2, 4, 6, 8——
为优秀的灰熊们骄傲！
嗷呜，嗷呜，嗷呜！

很快，所有人都加入了队伍，跟着大声合唱起来。

星期天是大家正式投票的日子。《灰熊日报》
在投票结束后立刻刊登了一份特别报道。

28

灰熊日报

科丽获胜！

25人投票给索菲。

25人投票给丹尼尔。

50人投票给科丽。

25%　25%

50%

100%的营地小伙伴喜欢一边打乒乓球一边吃爆米花。

当天晚些时候，科丽穿上灰熊服，给了雅各布和凯蒂一人一个大大的熊抱。然后她走到队伍最前面，带领整个营地——100%的营员——唱起了灰熊营营歌。

30

1, 2, 3, 4——
听听我们灰熊的吼叫！
嗷呜，嗷呜，嗷呜！

2, 4, 6, 8——
为优秀的灰熊们骄傲！
嗷呜，嗷呜，嗷呜！
灰熊营，灰熊营，
我们的骄傲！

31

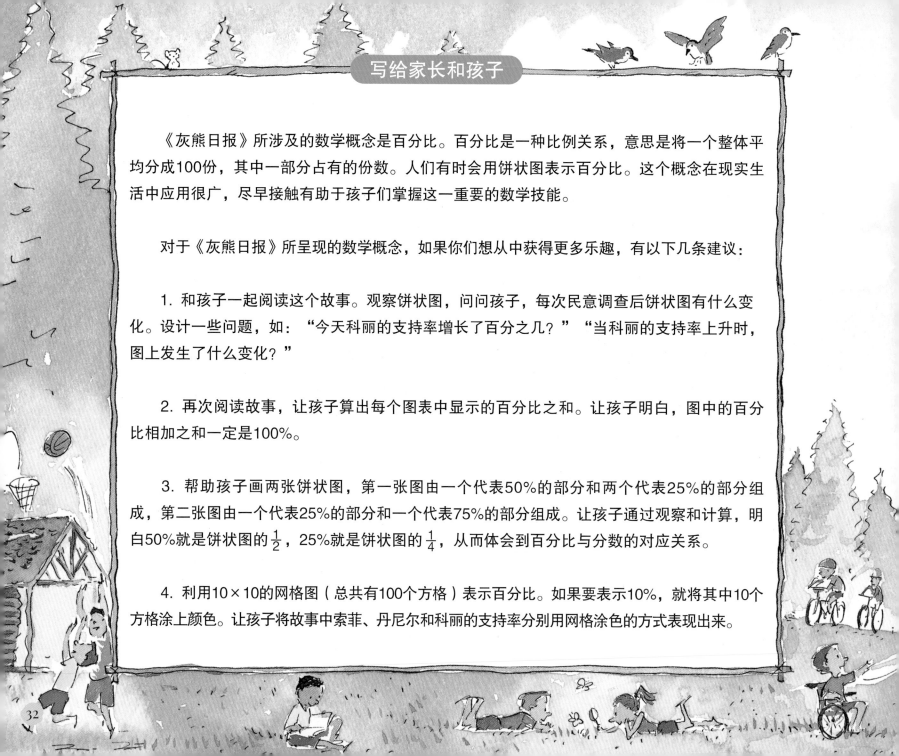

《灰熊日报》所涉及的数学概念是百分比。百分比是一种比例关系，意思是将一个整体平均分成100份，其中一部分占有的份数。人们有时会用饼状图表示百分比。这个概念在现实生活中应用很广，尽早接触有助于孩子们掌握这一重要的数学技能。

对于《灰熊日报》所呈现的数学概念，如果你们想从中获得更多乐趣，有以下几条建议：

1. 和孩子一起阅读这个故事。观察饼状图，问问孩子，每次民意调查后饼状图有什么变化。设计一些问题，如："今天科丽的支持率增长了百分之几？""当科丽的支持率上升时，图上发生了什么变化？"

2. 再次阅读故事，让孩子算出每个图表中显示的百分比之和。让孩子明白，图中的百分比相加之和一定是100%。

3. 帮助孩子画两张饼状图，第一张图由一个代表50%的部分和两个代表25%的部分组成，第二张图由一个代表25%的部分和一个代表75%的部分组成。让孩子通过观察和计算，明白50%就是饼状图的 $\frac{1}{2}$，25%就是饼状图的 $\frac{1}{4}$，从而体会到百分比与分数的对应关系。

4. 利用10×10的网格图（总共有100个方格）表示百分比。如果要表示10%，就将其中10个方格涂上颜色。让孩子将故事中索菲、丹尼尔和科丽的支持率分别用网格涂色的方式表现出来。

如果你想将本书中的数学概念扩展到孩子的日常生活中，可以参考以下这些游戏活动：

1. 厨房切分：将一块黄油或一块豆腐切成两半，然后将其中的半块再切成两半。让孩子用分数来表示它们（$\frac{1}{2}$ 和 $\frac{1}{4}$），然后问问孩子，哪一块是整体的25%。挑出最大的一块，问问孩子它在整块中所占的百分比是多少。把 $\frac{1}{4}$ 块和 $\frac{1}{2}$ 块放在一起，问问孩子这两块加起来代表哪个分数，如果用百分比表示又是多少。

2. 专注力游戏：在8张卡片上各写一个不同的分数（如 $\frac{1}{2}$、$\frac{1}{4}$、$\frac{3}{4}$、$\frac{1}{10}$、$\frac{3}{10}$、$\frac{40}{100}$、$\frac{65}{100}$ 和 $\frac{95}{100}$），再在另外8张卡片上写出相应的百分数。打乱卡片顺序后，将卡片正面朝下排列好。第一位玩家随机翻出两张卡片，如果它们的数值相等，就可以保留这两张卡片，然后再翻一次；如果卡片上的数值不相等，就把卡片放回原处，由下一位玩家来翻卡片。当所有的卡片都翻完后，拥有卡片数量最多的玩家获胜。

3. 模拟调查：让孩子在家人或朋友当中进行调查，询问他们最喜欢的电视节目、运动项目或其他值得调查的事情，用饼状图表示调查结果。

洛克数学启蒙

1

《虫虫大游行》	比较
《超人麦迪》	比较轻重
《一双袜子》	配对
《马戏团里的形状》	认识形状
《虫虫爱跳舞》	方位
《宇宙无敌舰长》	立体图形
《手套不见了》	奇数和偶数
《跳跃的蜥蜴》	按群计数
《车上的动物们》	加法
《怪兽音乐椅》	减法

2

《小小消防员》	分类
《1、2、3，茄子》	数字排序
《酷炫100天》	认识1~100
《嘀嘀，小汽车来了》	认识规律
《最棒的假期》	收集数据
《时间到了》	认识时间
《大了还是小了》	数字比较
《会数数的奥马利》	计数
《全部加一倍》	倍数
《狂欢购物节》	巧算加法

3

《人人都有蓝莓派》	加法进位
《鲨鱼游泳训练营》	两位数减法
《跳跳猴的游行》	按群计数
《袋鼠专属任务》	乘法算式
《给我分一半》	认识对半平分
《开心嘉年华》	除法
《地球日，万岁》	位值
《起床出发了》	认识时间线
《打喷嚏的马》	预测
《谁猜得对》	估算

4

《我的比较好》	面积
《小胡椒大事记》	认识日历
《柠檬汁特卖》	条形统计图
《圣代冰激凌》	排列组合
《波莉的笔友》	公制单位
《自行车环行赛》	周长
《也许是开心果》	概率
《比零还少》	负数
《灰熊日报》	百分比
《比赛时间到》	时间

MathStart®

洛克数学启蒙 ④

献给斯洛特足球队的卡伦、乔恩、琳赛、尼娜，还有奥利弗！

——斯图尔特·J.墨菲

献给我令人敬佩的侄女——埃米莉、劳拉、马茜、恩丽卡、菲奥娜和奥诺琪。
爱是我们共同的目标。

——辛西娅·贾巴

著作权合同登记号：图字 13-2023-038号

图书在版编目（CIP）数据

洛克数学启蒙.4.比赛时间到 / (美) 斯图尔特·J.墨菲文；(美) 辛西娅·贾巴图；静博译. -- 福州：福建少年儿童出版社, 2023.9
ISBN 978-7-5395-8251-1

Ⅰ.①洛… Ⅱ.①斯…②辛…③静… Ⅲ.①数学－儿童读物 Ⅳ.①O1-49

中国国家版本馆CIP数据核字(2023)第074660号

LUOKE SHUXUE QIMENG 4 · BISAI SHIJIAN DAO
洛克数学启蒙4 · 比赛时间到

著　　者：[美]斯图尔特·J.墨菲　文　[美]辛西娅·贾巴　图　静博　译
出 版 人：陈远　出版发行：福建少年儿童出版社　http://www.fjcp.com　e-mail:fcph@fjcp.com　社址：福州市东水路 76 号 17 层（邮编：350001）
选题策划：洛克博克　责任编辑：邓涛　助理编辑：陈若芸　特约编辑：刘丹亭　美术设计：翠翠　电话：010-53606116（发行部）　印刷：北京利丰雅高长城印刷有限公司
开　　本：889 毫米 ×1092 毫米　1/16　印张：2.5　版次：2023 年 9 月第 1 版　印次：2023 年 9 月第 1 次印刷　ISBN 978-7-5395-8251-1　定价：24.80 元

MathStart®
洛克数学启蒙④

比赛时间到

祝我们好运!

[美]斯图尔特·J.墨菲 文　　[美]辛西娅·贾巴 图　　静博 译

海峡出版发行集团
THE STRAITS PUBLISHING & DISTRIBUTING GROUP | 福建少年儿童出版社
FUJIAN CHILDREN'S PUBLISHING HOUSE

时 间

星期六的训练开始之前，一群女孩路过足球场，大声喊道："二、四、六、八！大家心里谁最棒？猎鹰队！"

玛丽亚、丽贝卡和阿什莉带着奥利弗一起朝更衣室走去。她们毫不示弱，大声回应："哈士奇！哈士奇！我们最棒！接受挑战吧！"

　　距离猎鹰队与哈士奇队的足球对决赛只剩下一周时间了。去年，猎鹰队夺得了联盟冠军。"今年我们一定要击败他们！"丽贝卡说，"到时候我们会夺得冠军！"

"我们有最好的吉祥物。"阿什莉给了奥利弗一个大大的拥抱。
"已经10月7日了。"玛丽亚说,"距离比赛还有7天。我们必须全力以赴,努力训练。"

整整一个星期，哈士奇队都在练习运球、传球和射门。

奥利弗每场训练都会到场为队员们加油。

已经到了星期五，距离冠军赛只剩1天时间。

"别担心,"丽贝卡说,"再过24小时,
比赛就结束了,我们将成为联盟冠军!"
"真的吗,奥利弗?"阿什莉说。
"汪汪!"奥利弗回应道。

星期六早上，丽贝卡、阿什莉和玛丽亚匆匆赶往足球场，与拉索教练和其他队员汇合。奥利弗也一路跟着她们。

她们上午9点钟抵达球场，比赛将于10点钟正式开始。她们还有1个小时的热身时间。
猎鹰队已经到了赛场。她们看起来很强悍，状态很好，可以说是非常好。
"60分钟后，我们将成为猎鹰嘴里的食物。"玛丽亚沮丧地说。

在两队都做完拉伸和热身后，裁判员杰克来到了现场。现在是上午10点整。

杰克看了一下表，大声喊道：

"比赛开始！"

两队都为开球做好了准备。奥利弗在边线上来回奔跑。

两支球队在球场上来来回回地运球和传球，这种状态几乎持续了一刻钟。在此期间，没有人得分。突然，猎鹰队的一名队员冲破防守，奔向球门。

玛丽亚竭尽全力阻挡进球，但为时已晚。猎鹰队取得了第一个进球。杰克吹响了哨子，第一节比赛结束了。此时比赛已经过去了15分钟。

球队	得分	比赛剩余时间
猎鹰队	1	
哈士奇队	0	40:00

分钟 秒

第二节比赛刚开始5分钟，一个队友将球传给了丽贝卡。
丽贝卡快速踢出一脚，足球从猎鹰队守门员的身边飞入球网。

距离第二节比赛结束还有2分钟。猎鹰队的一名队员又拿到了球。这时上半场比赛即将结束。他们已经踢了近30分钟。

阿什莉试图把球抢回来。但那名猎鹰队员带球绕过了她，直接射门得分。

球队	得分	比赛剩余时间
猎鹰队	2	30:00
哈士奇队	1	分钟 秒

"中场休息！"杰克大喊。
半小时过去了，猎鹰队得了2分，
哈士奇队得了1分。

$\frac{1}{2}$小时
=30分钟

两队队员跑到场外，他们有15分钟的休息时间。

　　在队员们休息喝水的时候，拉索教练切了些橙子分发给所有队员吃，他还给了奥利弗一块狗饼干。

　　"她们太厉害了，"玛丽亚叹着气说，"我们没机会夺冠。"

"我们可以做到的，"丽贝卡说，"还记得我们的口号吗？"

"哈士奇！哈士奇！我们最棒！接受挑战吧！"大家齐声喊道。
奥利弗也跟着叫了起来。

"15分钟休息时间结束！" 杰克大喊一声。队员们纷纷跑回球场。

下半场的前15分钟里，两队都防守得很好，没有一队进球。奥利弗在边线外认真地观看。

45分钟
$=\frac{3}{4}$小时

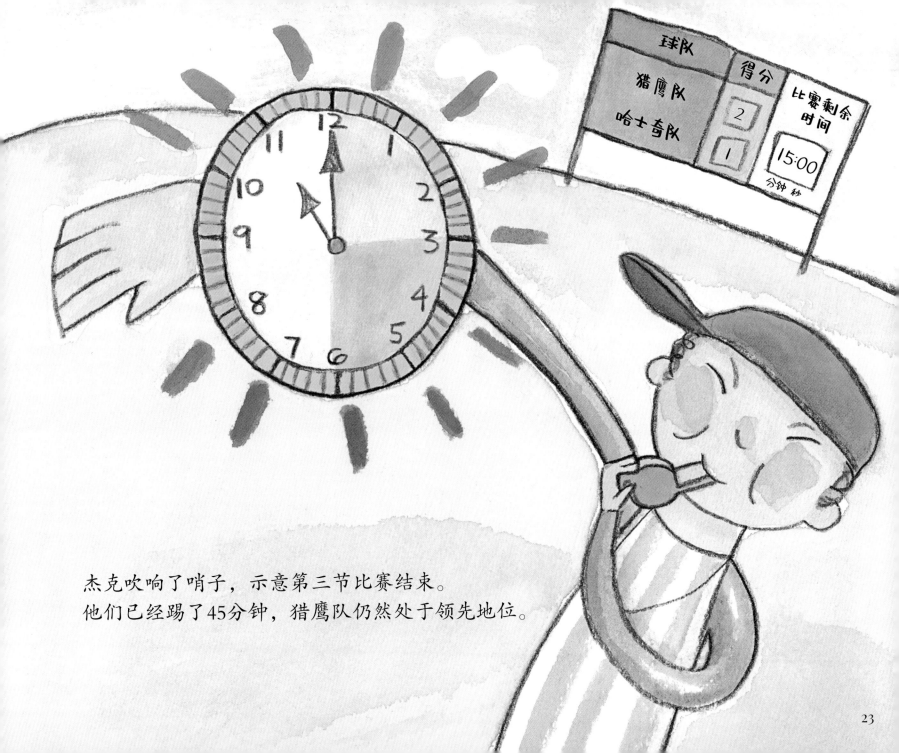

球队	得分	比赛剩余时间
猎鹰队	2	
哈士奇队	1	15:00

杰克吹响了哨子，示意第三节比赛结束。
他们已经踢了45分钟，猎鹰队仍然处于领先地位。

第四节比赛开始后，丽贝卡大喊道："这是我们最后的机会！"

"加油，哈士奇队，冲啊！"阿什莉充满激情地喊道。

奥利弗叫了又叫。

在这一节比赛的大部分时间里，没人能够得分。此时阿什莉拿到了球，她用头将球顶给了丽贝卡。

丽贝卡一个转身，接到了球，并一脚将球射入球门。
"比分扳平，"杰克喊道，"离比赛结束还有1分钟。"

猎鹰队再次拿到球，但丽贝卡冲过来直接抢走了球。
她在球场上飞奔。这关键的最后1分钟已经过去了45秒。
　　拉索教练跑到场边。丽贝卡带球飞奔的时候，场外的
观众开始齐声倒数："15，14，13，12……"

　　丽贝卡正准备一脚射门，可是一名猎鹰队员突然挡住了她的
进攻线路。看来她没法直接射门进球了。

　　"11，10，9……"观众还在倒数。

　　丽贝卡快速将球传给玛丽亚，玛丽亚成功接球，并将球射入
猎鹰队的球门，得分啦！

"哈士奇队获胜！哈士奇队赢了！"球员们欢呼起来。

两队球员互相握手，然后离开球场。

哈士奇队最终成为冠军！

写给家长和孩子

《比赛时间到》所涉及的数学概念是时间。为了计量时间，我们使用了周、日、小时、分钟和秒等时间单位。弄清这些单位之间的换算关系，以及它们在时钟和日历上的表示方式，对孩子来说非常重要。

对于《比赛时间到》所呈现的数学概念，如果你们想从中获得更多乐趣，有以下几条建议：

1. 和孩子一起读故事，并让孩子列出故事中时间的计量单位（比如周、日、小时、分钟和秒）。

2. 再次阅读故事时，让孩子注意各种时间单位之间的换算关系。例如，1周=7天。

3. 让孩子列出自己一天中发生的4件事以及每件事发生的时间。让孩子画4个钟面，一个钟面显示一件事的发生时间。

4. 让孩子闭上眼睛默默估算1分钟的时间，估算时间到后就睁开眼睛，看看他估算的时间和实际时间相差多少。可以与家人或朋友一起来玩这个游戏，看看谁估算得最接近实际时间。

5. 和孩子一起数一数，1小时内有多少个半小时、多少个1刻钟、多少个1分钟。2小时内呢？

6.在日历上圈出孩子的生日，问问他，距离这一天还有多少个月、多少个星期、多少天。

$\frac{1}{4}$小时=15分钟

1小时=60分钟

$\frac{1}{2}$ 小时=30分钟

如果你想将本书中的数学概念扩展到孩子的日常生活中，可以参考以下这些游戏活动：

1. 住宅大搜索：你能在家里找到多少种钟表？你能找到手表、挂钟、秒表、闹钟，以及烤箱或微波炉上的计时器吗？这些钟是一样的吗？它们有什么不同？

2. 烘焙：和孩子一起烤蛋糕，让他留意蛋糕需要烘烤多长时间，以及蛋糕放入烤箱的具体时间。隔一段时间就问问孩子，离烤好蛋糕还有多长时间。当剩余时间不到1分钟时，问问他还剩多少秒。蛋糕烤好后，让他猜猜吃一块蛋糕需要多长时间。

3. 做家务：在准备开始做一项家务（例如打扫卧室）之前，让孩子预估做完这件事需要多长时间。对于用时不到1分钟的家务（如擦干杯子），以秒为单位来预测时间。在做家务的同时进行计时，然后检查一下实际需要的时间与预估的时间相差多少。

一天=24小时

$\frac{3}{4}$ 小时=45分钟

洛克数学启蒙

1

《虫虫大游行》	比较
《超人麦迪》	比较轻重
《一双袜子》	配对
《马戏团里的形状》	认识形状
《虫虫爱跳舞》	方位
《宇宙无敌舰长》	立体图形
《手套不见了》	奇数和偶数
《跳跃的蜥蜴》	按群计数
《车上的动物们》	加法
《怪兽音乐椅》	减法

2

《小小消防员》	分类
《1、2、3，茄子》	数字排序
《酷炫100天》	认识1~100
《嘀嘀，小汽车来了》	认识规律
《最棒的假期》	收集数据
《时间到了》	认识时间
《大了还是小了》	数字比较
《会数数的奥马利》	计数
《全部加一倍》	倍数
《狂欢购物节》	巧算加法

3

《人人都有蓝莓派》	加法进位
《鲨鱼游泳训练营》	两位数减法
《跳跳猴的游行》	按群计数
《袋鼠专属任务》	乘法算式
《给我分一半》	认识对半平分
《开心嘉年华》	除法
《地球日，万岁》	位值
《起床出发了》	认识时间线
《打喷嚏的马》	预测
《谁猜得对》	估算

4

《我的比较好》	面积
《小胡椒大事记》	认识日历
《柠檬汁特卖》	条形统计图
《圣代冰激凌》	排列组合
《波莉的笔友》	公制单位
《自行车环行赛》	周长
《也许是开心果》	概率
《比零还少》	负数
《灰熊日报》	百分比
《比赛时间到》	时间

4-A

洛克数学启蒙

练习册

洛克博克童书　策划　　蔡桂真　范国锦　编写　　懂懂鸭　绘

✎ 小动物们到餐馆吃饭，一份午餐中含有一个荤菜和一个素菜，轮到小狗的时候，肉丸子和白菜已经卖完了。请你帮小狗挑选午餐，看看有几种搭配方式，写在旁边的空白处。

✎ 早上，比利和米莉起床穿衣服了。一件上衣搭配一条裤子，请你算一算，他们每人有几种不同的搭配方法。

✎ 花花和爸爸一起去超市，花花要买一辆玩具车和一个球。请你连一连，把所有搭配方法都连起来。

✎ 小兔子回家的路上有一座石桥，请你数一数，小兔子有几种不同的走法。

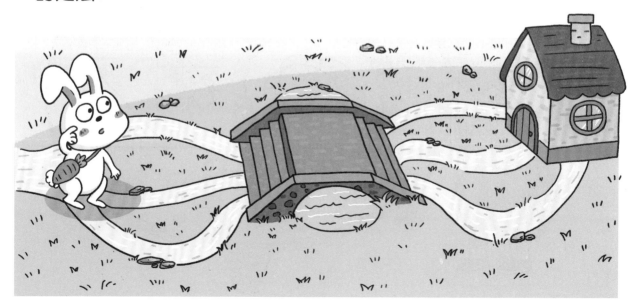

✏️ 请你描出下列图形的周长。

✏️ 桌子上有一个圆形饼干盒子，小马想量一量它的周长是多少。用什么工具测量最合适呢？请你把它圈出来。

✏️ 周末，瑞瑞和马特到公园骑行。请根据题目，回答下面的问题。

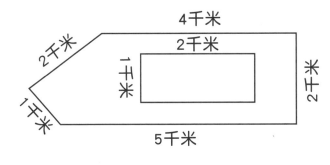

① 瑞瑞绕着公园骑了1圈，一共骑
了____千米。

② 马特绕着湖骑了2圈，他和瑞瑞
谁骑得远？

　　　瑞瑞　　　马特

③ 瑞瑞骑行1千米需要4分钟，绕
公园骑行1圈需要____分钟。

✎ 上午的篮球赛开始了。请你观察图片，写出篮球赛开始的时间。

✎ 请你在钟面上画出对应的时间。

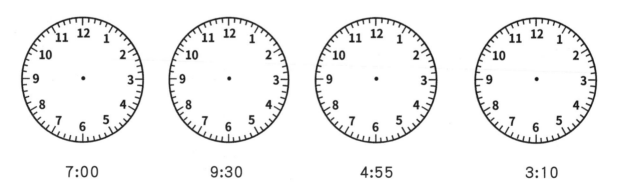

7:00   9:30   4:55   3:10

✎ 红红快乐的一天生活。

① 请你写出每幅图的时间。

② 请你按从早到晚的时间顺序给这些图排序。

每年的3月12日是植树节，植树节是宣传保护树木，参加植树造林活动的节日。小朋友们准备从植树节开始往后一周开展植树周活动。

① 请你在日历表中圈出植树节是哪一天。

② 请你在小朋友们开展植树周活动的日期里画上爱心。

③ 数一数，小朋友们在3月度过了____个周日。

④ 请你在3月最后一天画上"☆"，这一天是星期____。

⑤ 3月一共有____天。

✎ 今天是2022年9月11日，请你圈出没有过期的食物。

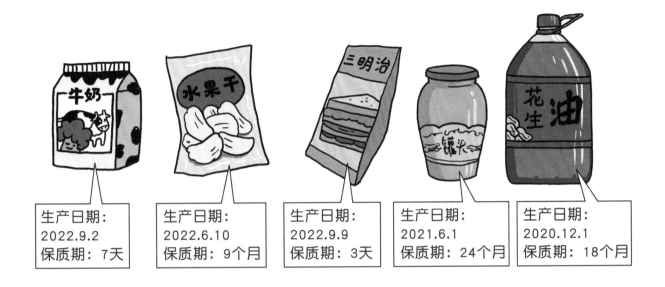

生产日期：
2022.9.2
保质期：7天

生产日期：
2022.6.10
保质期：9个月

生产日期：
2022.9.9
保质期：3天

生产日期：
2021.6.1
保质期：24个月

生产日期：
2020.12.1
保质期：18个月

✎ 猜一猜，小动物们的生日分别是哪一天，并用线把小动物和它的
生日连起来。

我的生日比国庆节晚一天。

我的生日是儿童节那天。

我的生日是"五一"劳动节的前一天。

我今年12岁了，才过了三个生日。

4月30日

2月29日

10月2日

6月1日

✎ 每天我们的生活中会发生很多事。请你看看下面这些事件，在一定会发生的旁边画"√"，在不可能发生的旁边画"×"，在可能发生的旁边画"○"。

公鸡会下蛋 ☐　　　太阳从东方升起 ☐　　　我下次考100分 ☐

天上会下馅饼雨 ☐　　　我每天都在长大 ☐　　　明天下雪 ☐

✎ 玩转盘游戏。

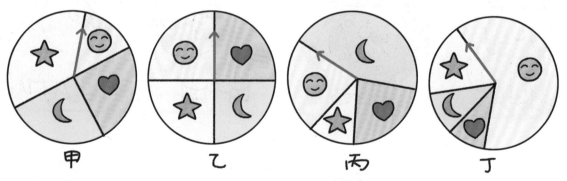

甲　　　乙　　　丙　　　丁

① 转动转盘____，指针落在四个区域的可能性一样大。

② 转动转盘____，指针落在😊区域的可能性最大。

③ 转动转盘____，指针落在⭐区域的可能性最小。

小朋友们正在玩摸球游戏。你知道他们的球是从哪个盒子里摸出的吗？请你用线把他们和对应的盒子连起来。

我摸到的一定是红球。

我摸到黄球和绿球的概率一样大。

我摸到的可能是蓝球，也可能是红球。

我摸到的一定是黄球。

5个红球

8个黄球

3个蓝球，2个红球

4个黄球，4个绿球

✎ 请你在图中画出小朋友们所描述的文具。

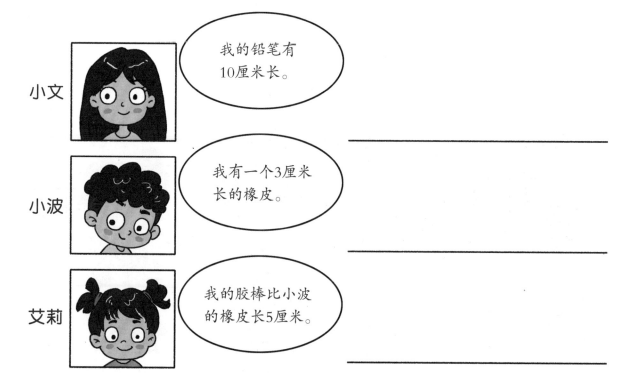

小文　我的铅笔有10厘米长。

小波　我有一个3厘米长的橡皮。

艾莉　我的胶棒比小波的橡皮长5厘米。

✎ 明明伸开手臂的长度大约是1米。请你估一估，这间教室的长度大约是＿＿米，宽度大约是＿＿米。

✏️ 请你将下面的物体与它们各自的重量连在一起。

500克   10千克   20千克

✏️ 生活中哪些物品的容量最适合用"升"做单位呢？请你把它们圈出来。

一大瓶果汁大约是1升。

✎ 一个蛋糕被切成了三块，请你想一想：每块蛋糕占这个蛋糕的几分之几？请你填一填。

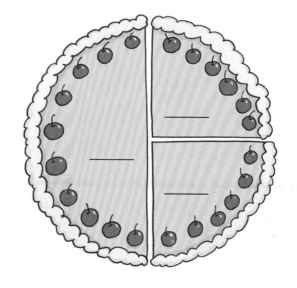

✎ 小鹿的水果摊上共有100个水果。请你帮小鹿算一算，每种水果占整体的百分之几。

📝 阳光超市最近在做活动，到店消费满199元的顾客都有一次转盘抽奖的机会。请你帮助超市完成抽奖转盘的设计。

需要有5%的可能抽中笔记本电脑，有20%的可能抽中电风扇，有50%的可能抽中毛巾套盒，剩下25%是谢谢参与。

📝 小昊、小佳和小刚在竞选班长，班级同学的投票意向如图。请你写出小佳的投票占比，把最终能当选班长的小朋友圈出来。

✎ 请你比较下面两个图形的大小，并在面积更大的图形下面的□中画"√"。

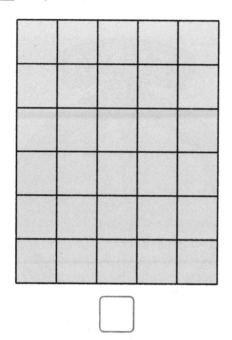
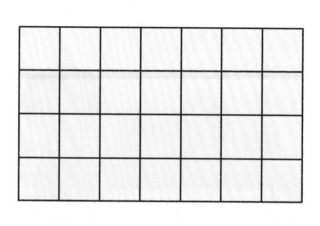

✎ 请你比一比，哪只小蜜蜂筑的蜂巢大，并把相应的名次写在小蜜蜂的下面。

✎ 妈妈为了给西西做曲奇饼干，特意到商场买了两个烤盘。
下面＿＿＿烤盘的面积更大。

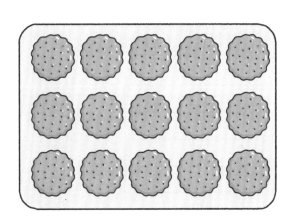

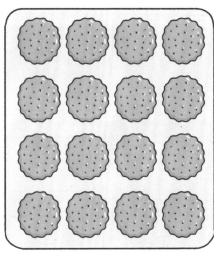

A   B

✎ 小动物们分别画了以下图形，比一比，＿＿＿图形面积最大，＿＿＿
图形面积最小。

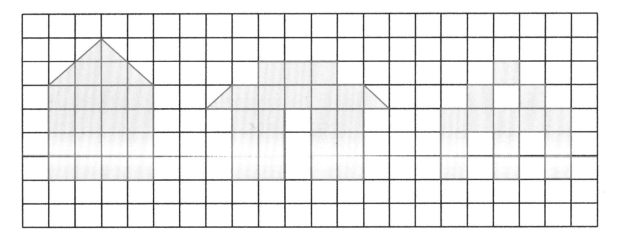

A   B   C

✎ 安安导演的一部电影最近上映了，他统计了上映后9天的票房。请观察条形统计图，回答下面的问题。

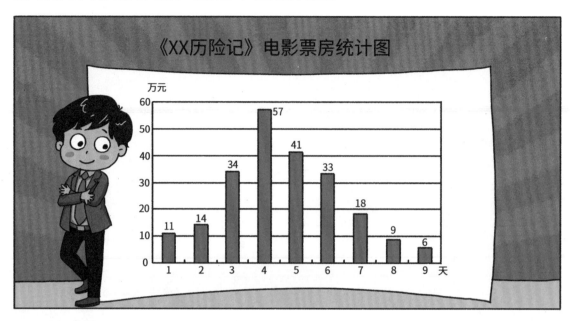

票房最高的是第＿＿＿天，有＿＿＿＿元。

票房最低的是第＿＿＿天，有＿＿＿＿元。

第5天和第6天的票房一共有＿＿＿＿元。

✎ 孩子们进行跳绳比赛，裁判把他们一分钟所跳的个数绘制成了统计图。请比一比，＿＿＿＿＿的成绩最好，跳了＿＿＿个，小齐再跳＿＿＿个就和她一样多了。

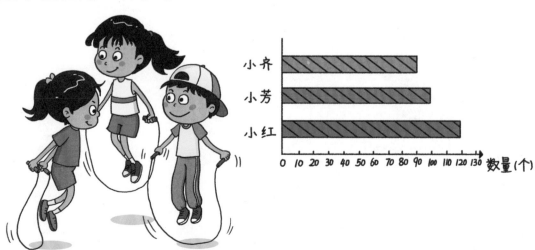

幸福小学要新购进一些体育用品，所以体育老师对三年级同学最喜欢的体育项目进行了调查。

① 请你根据调查结果帮助体育老师完成统计图。

② 请你根据统计图，给体育老师的采购提个建议吧。

✎ 下面哪些数比0还小？请你圈一圈。

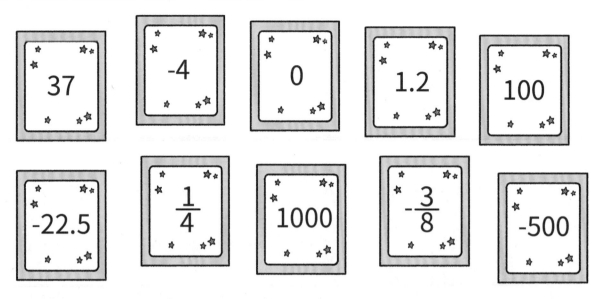

✎ 萌萌一直有记账的习惯，请你帮她完成今日的记账本吧。

11月1日工资收入为8000元，当天花300元买了一件毛衣，第二天花120元和朋友吃了火锅，第三天花2000元办了一张健身卡。

✎ 一天中最热的时间一般在下午2:00，最冷的时间大约在凌晨5:00。
鹏鹏说："天气预报说，今天的最高气温是10℃，最低气温是
＿＿℃。"妈妈说："今天的最低气温比昨天还低了4℃。"那
么，昨天的最低气温是＿＿℃。

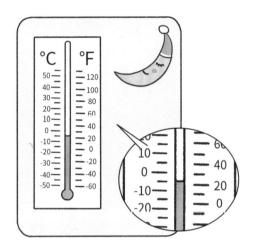

✎ 冬天来了，松鼠三兄弟在地底下藏了很多过冬的粮食。请根据松
鼠们的话，标出它们藏食物的位置（以大树为起点，向东走为正，
向西走为负）。

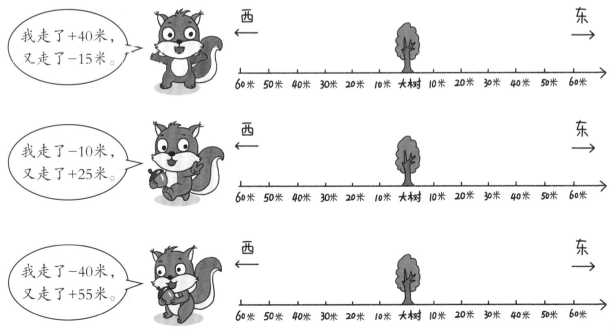

✎ 璐璐打算经营一家鞋店，她看上了如右图所示的两间店面。这两间店面的租金相同，请你帮她选一选，哪间店面更划算。

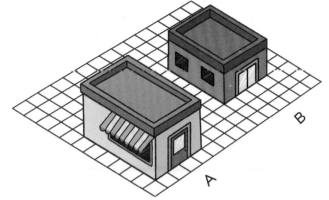

✎ 店面选定后，鞋店顺利开业了。璐璐把同款女鞋每种鞋号的销量做了统计，其中35号卖了7双，36号卖了63双，37号卖了80双，38号卖了42双，39号卖了5双，40号卖了2双。请你根据统计的数据，把统计图补充完整。

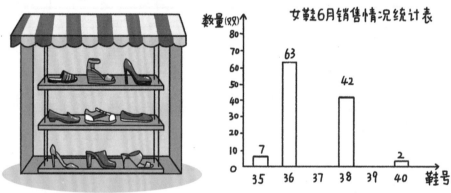

根据统计图可以看出＿＿＿＿号鞋卖得最好，＿＿＿＿号鞋卖得最少。

卖得好的要多进些，卖得少的少进些！

今天晚上7:30，贝贝的朋友要来家里做客。从现在开始，贝贝要准备食物了！

菜 单	
素菜	
炒蔬菜	需要时间：10分钟
沙拉	需要时间：5分钟
荤菜	
鱼	需要时间：20分钟
排骨	需要时间：1小时5分钟
主食	
比萨	需要时间：20分钟
米饭	需要时间：15分钟

套餐一

套餐二

套餐三

套餐四

① 如果贝贝想把菜单里的食物全部做出来，请问她在朋友到来之前能把食物准备好吗？　　　能□　　不能□

② 每个套餐里一个素菜、一个荤菜、一种主食，一共可以搭配出＿＿＿种套餐。

③ 贝贝最后搭配了4种套餐，并决定从中选一种来做。请计算一下：做哪种套餐用时最短？在□里画"√"。

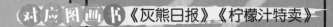

乐乐花店新到了一批鲜花，有玫瑰、郁金香、康乃馨和绣球。请你根据每种花的枝数帮乐乐花店店长完成两个统计图。

这里的花都是10枝为1束。有玫瑰5束、郁金香2束、康乃馨2束、绣球1束。

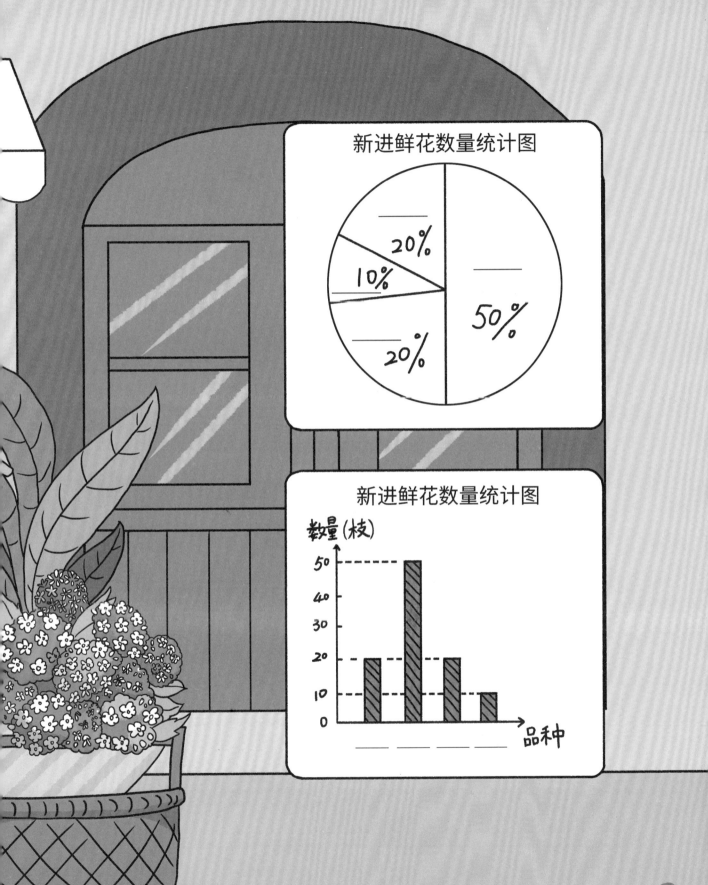

新进鲜花数量统计图

新进鲜花数量统计图

春天到了，小动物们的菜地里长出了绿油油的青菜，家门口开了很多漂亮的花朵，有蓝色的、粉色的、黄色的、红色的和紫色的，漂亮极了！

我家开的花不可能是蓝色的。

我家开的花可能是黄色的，也可能是粉色的。

我家开的花一定是红色的。

我家开的花可能是蓝色的，也可能是红色的。

① 每只小动物家门口会开出什么颜色的花呢？请你根据它们的描述涂色。

② 谁家的菜地最大呢？请你在菜地最大的小动物下面的□里画"✓"。

③ 如果小动物们要给自己家的菜地围上篱笆，谁家用的篱笆最多呢？请你在用的篱笆最多的小动物下面的□里画"✓"。

我家开的花一定是紫色的。

✎ 下午4时整，操场上同学们正在快乐地玩耍，请你仔细观察图片，一起回答问题吧！

① 请你在钟面上画时针和分针来表示小朋友们玩耍的时间。

② 东东在跑道上跑步。东东跑100米用了20秒，当东东跑600米时，他需要用_____分钟。

③ 华华和成成在玩飞盘游戏，华华射中哪种颜色的可能性更大呢？请你在相应的颜色后画"√"。　　　红色□　　　　蓝色□

④ 请你根据对话内容，在日历中找到开运动会的那一天，并在上面画上一个"☆"。

洛克数学启蒙练习册4-A答案

P2

P3

P4

P5

P6

P7

P8

P9

P10

P11

P12

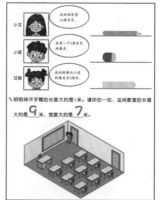

P13

P14

P15

P16

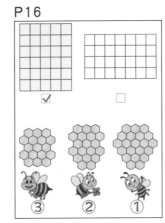

P17

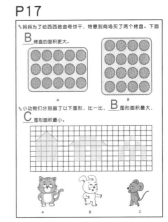

P18

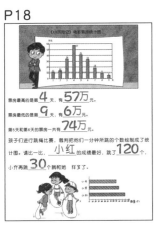

P19

P20

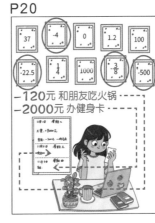

P21

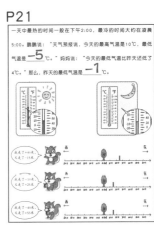

P22

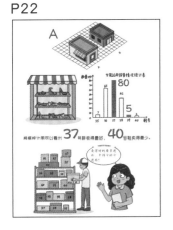

P23

P24~25

P26~27

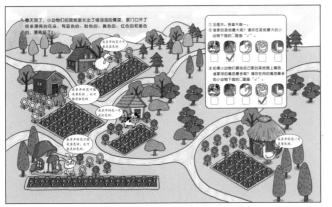

P28~29

洛克数学启蒙
练习册

洛克博克童书 策划　　蔡梓真 范国锦 编写　　懂懂鸭 绘

✏ 早餐时间到。朵朵可以选一种饮品和一种主食来搭配，她一共有几种不同的选法呢？

☐ 种

✏ 从"红""黄""蓝"三个字中选一个字做首字，再从"花""色""纸"三个字中选一个字组词，可以组成哪些词？请你写一写。

红 黄 蓝   花 色 纸

_____   _____   _____

_____   _____   _____

_____   _____   _____

✎ 学校举办"六一"联欢会，请你仔细观察并回答问题。

① 如果规定台上的一名男生和一名女生搭配表演"恰恰舞"，点点和西西谁说得对？请在她下面的□中画"√"。

② 参加联欢会的同学，每人可以选择一种水果和一种糖。宸宸来晚了，香蕉和软糖没有了，宸宸能有_____种食物搭配。

🖊 熊大叔用篱笆围了三块长方形菜地，哪块地最节省篱笆？请将相应的序号圈出来。

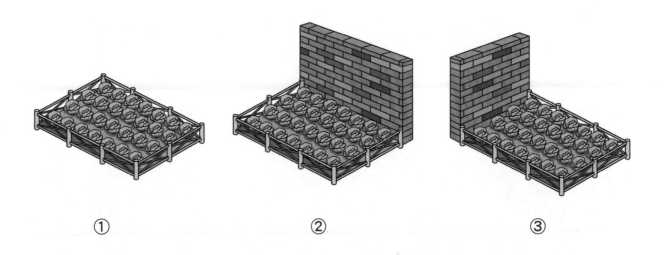

①   ②   ③

🖊 小小围着泳池慢走了一圈，请你算一算小小一共走了多少米。

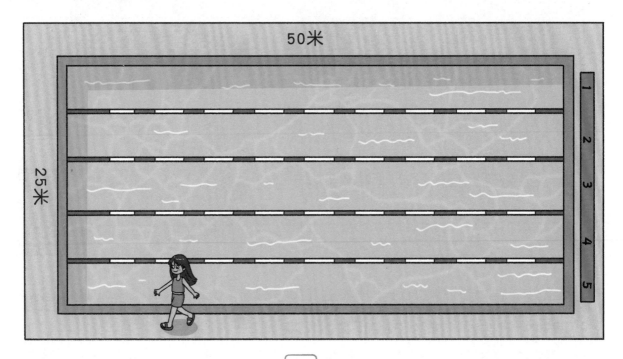

□ 米

✎ 小兔子去菜地拔萝卜。请按要求回答下面的问题。

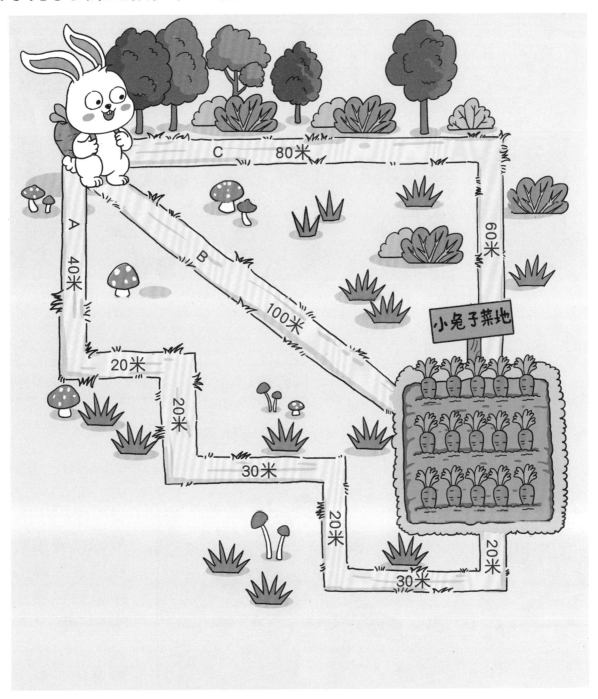

① 走_____号路最近，走_____号路最远。

② 如果走C号路，它需要走_____米。

③ 走C号路比走B号路多走_____米。

✏️ 请你把小动物与它们所需的时间连起来。

| 20秒钟 | 5秒钟 | 2分钟 | 20小时 | 20分钟 |

✏️ 运动会上，4个同学参加了400米跑步比赛。

① 请你按4个同学所报的比赛用时，按由快到慢的顺序排列名次，并写在□里。

② 静静比乐乐少用_____秒钟。

下面是楠楠的北京一日游攻略。请将推算的正确时间填在 ☐ 里。

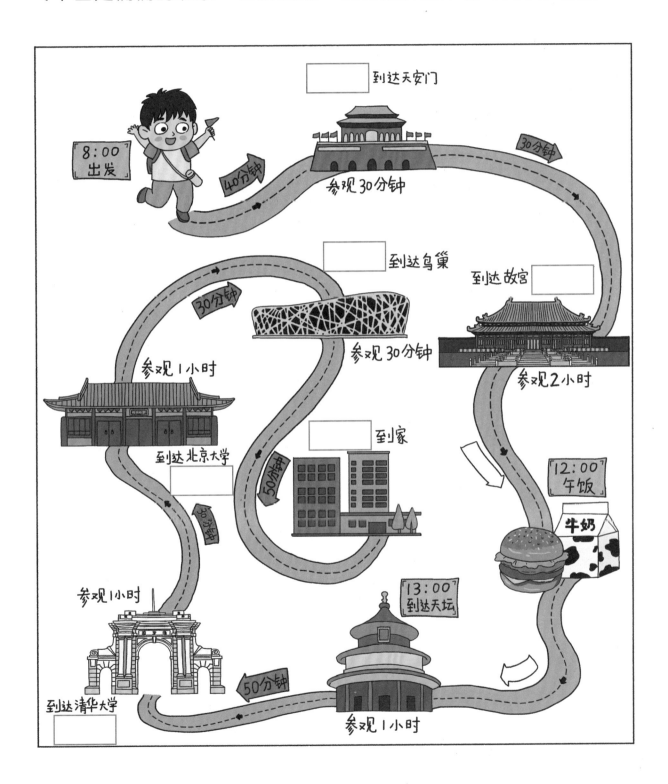

到达天安门 ☐

8:00 出发

40分钟

参观30分钟

30分钟

到达鸟巢 ☐

到达故宫 ☐

到达北京大学 ☐

参观1小时

30分钟

参观30分钟

参观2小时

到家 ☐

50分钟

12:00 午饭

牛奶

参观1小时

30分钟

到达清华大学 ☐

50分钟

13:00 到达天坛

参观1小时

✏️ 请你将节日和对应的日期连线。

教师节	劳动节	儿童节	元旦

5月1日	1月1日	9月10日	6月1日

✏️ 到2024年1月1日，下面这些家电哪些还在保修期内？请在还在保修期内的家电下面的□中画"√"。

购买日期：2023.07.16
保修期1年

购买日期：2021.05.20
保修期1年

购买日期：2020.12.13
保修期3年

购买日期：2023.01.05
保修期3年

购买日期：2022.06.08
保修期1年

 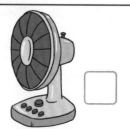

✎ 小动物们要举办"美丽森林"画展。请按要求回答问题。

① 请在画展开始和结束的日期画"〇"，画展一共展出_____天。

② 画展结束后的第7天是小兔子的生日，请你在日历中圈出来。

③ 小狐狸6月3日出差回来，这天是星期_____，小狐狸一共出差了_____天。

④ 大象为祝贺画展开幕，提前2天预定了花束，它预定花束的日期是_____月_____日。

✎ 2022年2月4日~2月20日，北京召开了第24届冬季奥林匹克运动会。

1号盒子里有6张开幕式门票。

2号盒子里有2张开幕式门票、3张冰球比赛门票、5张短道速滑比赛门票。

① 从＿＿＿号盒子里一定能拿到开幕式门票。

② 从＿＿＿号盒子里不可能拿到冰球比赛的门票。

③ 从＿＿＿号盒子里可能拿到短道速滑比赛的门票。

✎ 以下每张卡片上只有1、3、5、7四个数字中的任一个，要使抽到数字"1"的可能性最大，抽到数字"3"的可能性最小，抽到数字"5"和数字"7"的可能性一样，应如何填写？请你在卡片上写下相应的数字。

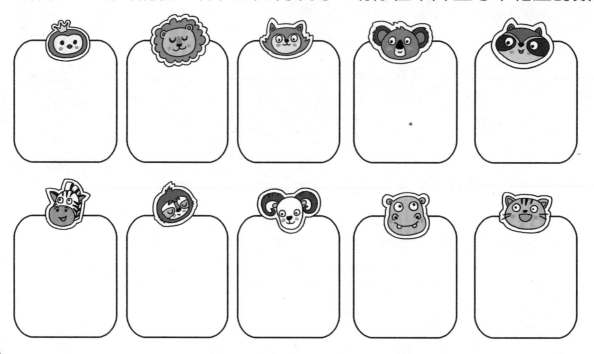

✎ 琪琪有个大果盘。请根据要求，回答下列问题。

① 琪琪随便拿出一种水果，一共有_____种可能性。

② 拿到哪种水果的可能性最大？请在该水果旁画"√"。

③ 拿到哪种水果的可能性最小？请在该水果旁画"×"。

④ 拿到哪两种水果的可能性一样大？请在这两种水果旁画"〇"。

⑤ 如果要使拿到草莓的可能性最大，至少要加_____颗草莓。

⑥ 要使拿到香蕉和橘子的可能性一样大，琪琪应该怎么做？

✎ 下面哪个物品的长度最接近10厘米呢？请你圈一圈。

✎ 哪些物品的长度需要以"米"作为单位？请把它们圈出来。

✎ 请你将下面的物体与它的重量连一连。

| 220克 | 100千克 | 5千克 |

✎ 萱萱刚刚学习了长度和容积单位，快来看一看她说的对不对，在
○中画上合适的表情。

 妈妈新买的黄瓜长20米。

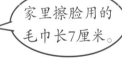 家里擦脸用的毛巾长7厘米。

我的身高大约是130厘米。

 我的水壶的容量大约是300毫升。

13

✎ 六一儿童节，老师给班里的孩子们买了100件小礼品。请你在扇形统计图中找到表示七巧板的区域，将它涂成蓝色；找到表示蝴蝶结发卡的区域，将它涂成红色。

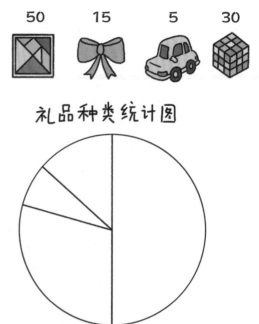

50   15   5   30

礼品种类统计图

✎ 妈妈给彤彤买了一件毛衣，毛衣的标签上画着各种材质占比，请根据统计图回答问题。

涤纶 25%

羊毛 60%

棉 7%

兔毛 8%

这件毛衣_____的含量最高，_____的含量最低。

✎ 文文要去外地游玩，她查询了当地一个月的天气情况，并制作了一张统计图。根据图表显示，雨天占这个月总天数的____。

✎ 河马先生的小店里今天共卖出了100个气球。下面哪张统计图可以表示今天的气球销售情况？请你在相应的□下面画"√"。

✎ 请你比较下面三个图形的大小，在面积最小的图形下面的○中画"√"。

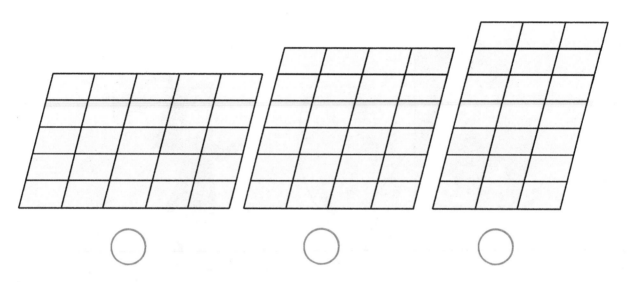

✎ 小兔和小熊各自用同样大小的三角形玻璃片拼了一块杯垫，请你比一比，在面积更大的杯垫右边的○中画"√"。

比较下面两块土地的大小，在面积更大的土地下面的〇中画"√"。

〇　　　　　　〇

想办法比较下面两个图形的大小，并在面积更大的图形下画"√"。

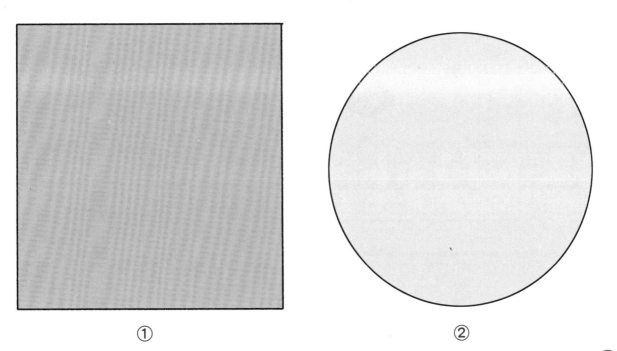

①　　　　　　②

✎ 星光小学组织小朋友进行折纸活动。小朋友折的千纸鹤的数量最多，星星的数量最少，小青蛙和小兔子的数量同样多。根据这些信息，（ ）里应填入的折纸类别是什么？请连一连。

✎ 小云不小心把统计图弄脏了一块，D对应的数据看不到了，请你想一想，猜猜D对应的数据可能是＿＿＿。

✎ 小夕对班上同学最喜爱的科目进行了调查，其中最喜欢语文的有8人，最喜欢音乐的有4人。快帮她完成统计图的绘制吧。

最喜欢语文的有8人，最喜欢音乐的有4人。

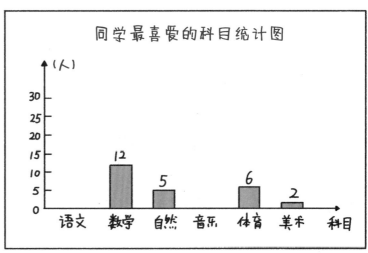

同学最喜爱的科目统计图

✎ 电影节要到了，丽丽调查了班里同学最喜爱的电影类型，并做成统计图。哪个统计图反映出了丽丽的调查结果？请把相应的序号圈出来。

你最喜欢什么类型的电影？

我最喜欢科技类的电影了，感觉很酷！

节目	男生人数	女生人数
动画类	正一	丁
文艺类	正	正下
科技类	正下	正

① ②

✎ 请你用红笔在温度计上画出对应的温度。请你比较一下，谁家比较冷，并把相应的小朋友圈出来。

✎ 你知道小动物所在的位置上分别是什么数吗？请将这些数填在对应的□里。

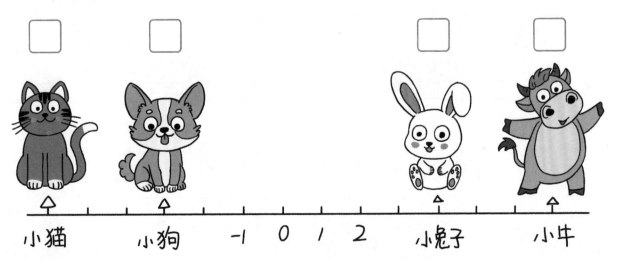

✎ 找规律，请在空白的〇里填上适当的数。

✎ 请你根据动物身上的数字，按从大到小的顺序给它们排序吧。

✎ 小朋友们在十字路口记录5分钟内通过的车辆。他们的记录表格如下：

车型	小轿车	卡车	自行车	摩托车
辆数	30	5	19	15

① 小朋友们根据统计表制作了一张条形统计图，你能帮他们把条形统计图补充完整吗？

② 对于四个同学关于下一辆车的说法，谁的表述更准确？请在相应的□里画"√"。

✎ 周末，晓晓和毛毛准备去看电影。

电影	放映时间
神秘的宇宙	9:10~10:20
月球探险记	10:40~12:00
疯狂木头人	13:30~15:00
变形金刚	15:30~16:50

① 她们8:40出门，路上需要20分钟，她们能赶上看《神秘的宇宙》吗？☐能 ☐不能

② 《月球探险记》放映时长为_____分钟。

③ 在抽奖区域，指针停在哪儿就能免费看哪场电影。你认为她们免费看哪场电影的可能性大呢？请在转盘上圈一圈。

✎ 3月12日是植树节，班里开展了植树活动。快看，孩子们已经忙碌起来了！

① 第一块地已经种满了树，为了保护树苗，孩子们准备在这块地的四周圈上一圈篱笆，请你算一算，需要_____米的篱笆。

② 孩子们准备在第二块地里种一些花，如果从玫瑰、月季、郁金香中选择两种，有_____种选法。

③ 再过两个月是_____月_____日。

下面这些物体或图片所代表的区域，应该用什么单位来表示它们的长度呢？请你把它们与适当的单位连一连。

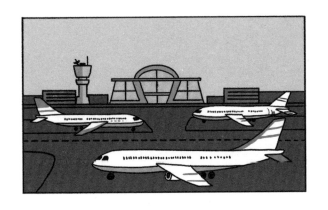

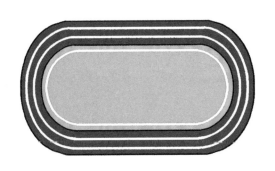

千米（km）

米（m）

分米（dm）

厘米（cm）

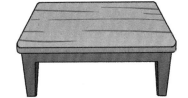

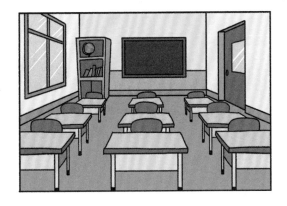

对应图画书《灰熊日报》《柠檬汁特卖》

动物乐园里，很多小动物在参与园长助理的竞选活动，请你观察图片回答问题。

园长助理竞选

① 下面的扇形统计图是最后一轮的选票
情况，请你帮大象写上它的支持率。

35%

25%

25%

② 最终_____当选为园长助理，支持
它的动物占了整个乐园的_____%，
比第2名的支持率高了_____%。

③ 如果共有100只动物参与了投票，那
么_____只动物投给了大象，_____只
动物投给了长颈鹿，_____只动物投
给了斑马，_____只动物投给了狮子。

多准备些什么食物好呢?

① 派对是从下午4时开始的,已经进行了_____小时_____分钟。

② 如果大象只能从4种水果中选择2种,有_____种不同选法。

③ 大象对动物们喜爱的食物进行了统计,共有100只动物参加。统计图如下,请根据统计图回答问题。

动物们最喜爱的食物统计图

百分比

	青草	肉	蛋糕	汤类
百分比	30%	40%	20%	10%

喜欢肉的动物有_____只。

喜欢蛋糕的动物有_____只。

喜欢汤类的动物有_____只。

29

洛克数学启蒙练习册4-B答案

P2

6种

红黄蓝		花色纸
红花	黄色	蓝纸
红色	黄纸	蓝花
红纸	蓝花	蓝色
黄花	蓝色	

P3

①见图示。

②参加联欢会的同学，每人可以选择一种水果和一种糖，菜篮来晚了，香蕉和软糖没有了，菜篮能有 **8** 种食物搭配。

P4

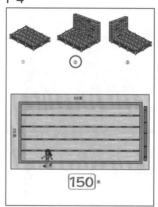

150米

P5

（P5插图）

①走 **B** 号路最近，走 **A** 号路最远。

②如果走C号路，它需要走 **140** 米。

③走C号路比走B号路多走 **40** 米。

P6

①见图示。

②静静比乐乐少用 **4** 秒钟。

P7

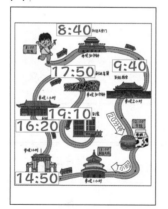

P8

P9

①在画展开始和结束的日期画"〇"，画展一共展出 **6** 天。

②见图示。

③小狐狸6月3日出差回来，这天是星期 **五**，小狐狸一共出差了 **10/5/6** 天。

④大象去花展画展开幕，提前2天预定了花束，它预定花束的日期是 **5/6**。

P10

①从 **1** 号盒子里一定能拿到开幕式门票。

②从 **1** 号盒子里不可能拿到球比赛的门票。

③从 **2** 号盒子里可能拿到短道速滑比赛的门票。

1	1	1	1	1
5	5	7	7	3

位置可调换。

P11

①琪琪随要拿出一种水果，一共有 **7** 种可能性。

②③④见图示。

⑤如果要拿到草莓的可能性最大，至少要拿 **4** 颗草莓。

⑥要使拿到香蕉和橘子的可能性一样大，琪琪应该怎么做？

可以多加2根香蕉或者拿走2个橘子。

P12

P13

220克	100千克	5千克

P14

P15

P16

P17

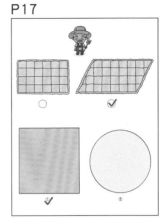

P18

答案不唯一。

P19

P20

P21

P22

P23

P24

P25

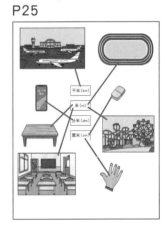

P26~27

P28~29

4-C

洛克数学启蒙
练习册

洛克博克童书 策划　　蔡桂真　范国锦 编写　　懂懂鸭 绘

晴晴要从每层书架上取一本书，请你算一算，共有_____种取法。

3个小朋友坐火车去旅行，他们要分别坐在图中3节不同的车厢里，一共有几种安排方法？

共有_____种安排方法。

如果每两个小朋友拍一张合照，他们一共拍了几张照片？请简单画一画，把总数写下来。

共拍了_____张照片。

✎ 贝贝带的钱只够买下列学习用品中的两种，他可能带了多少钱？
请你把所有的可能性都写下来。

铅笔盒12元　　笔记本4元　　橡皮2元　　铅笔1元

14元

✎ 每两只小动物要通一次电话，请问下列这些小动物一共通了多少
次电话？请连一连，并把总数写下来。

共通了_____次电话。

✎ 乐乐准备在红旗的四周装饰上彩灯，两面红旗分别需要多少分米的彩灯线？请把答案写在○里。

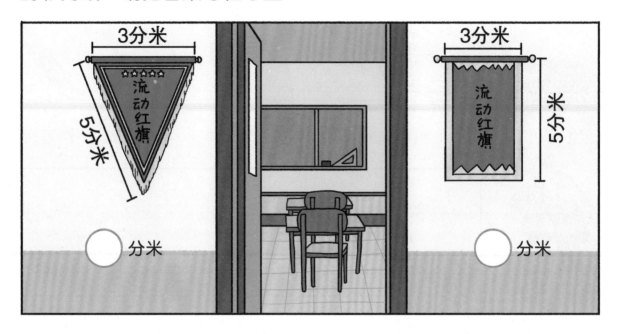

✎ 小动物们在散步，走完一圈后，看看它们谁走的路最长。请把它圈出来。

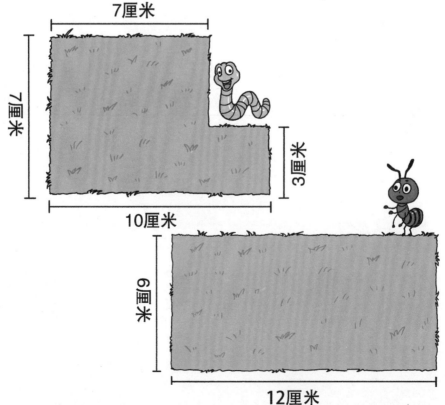

✎ 请算一算下列图形的周长，按要求回答问题。

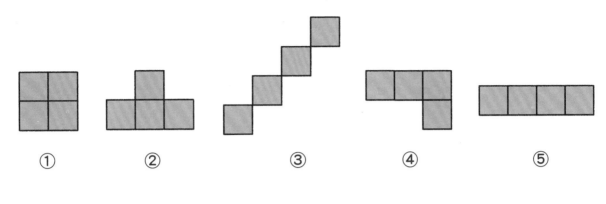

① ② ③ ④ ⑤

周长最长的是＿＿＿＿号图形；周长最短的是＿＿＿＿号图形。

✎ 每组中两个图形的周长一样吗？请在周长一样的组下画"√"，
在周长不一样的组下画"✗"。

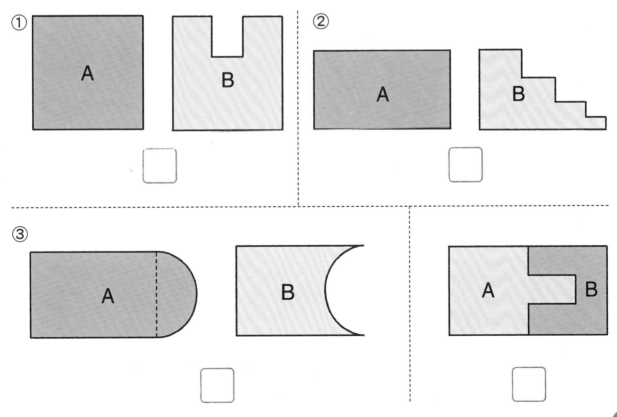

✎ 请你帮小动物们填上合适的时间单位。

写名字需要用时18＿＿＿＿。

我每天午睡需要用时1＿＿＿＿。

看一场电影需要用时120＿＿＿＿。

✎ 周末，小樱8:30离开家去超市购物。她到达超市时，超市开始营业了吗？

超 市

我乘公交车用了20分钟，走路又走了5分钟。

拉

营业时间
早9:00
至
晚9:00

营业 ◯　　未营业 ◯

如果未营业，小樱还要等＿＿＿＿分钟。

✎ 比比大小，在每组的○中填上"＞""＜"或"＝"。

60秒 ○ 6分

300秒 ○ 6分

2小时 ○ 180秒

$\frac{1}{4}$小时 ○ 30分

$\frac{3}{4}$小时 ○ 45分

✎ 用以下出行方式行走1千米各需要多长时间？请把出行方式和相应的用时连起来。

| 8分钟 | 20分钟 | 1分钟 | 5分钟 |

✏️ 请你填上合适的数字，把小动物们的话补充完整。

一年有_____个月。

48小时是_____天。

5个星期是_____天。

2年半是_____个月。

2023年7月有_____天。

✏️ 闰年共有366天，它的计算规则是"四年一闰，百年不闰，四百年再闰"。2000年是闰年，下面还有哪些年份是闰年？请你把它们圈出来。

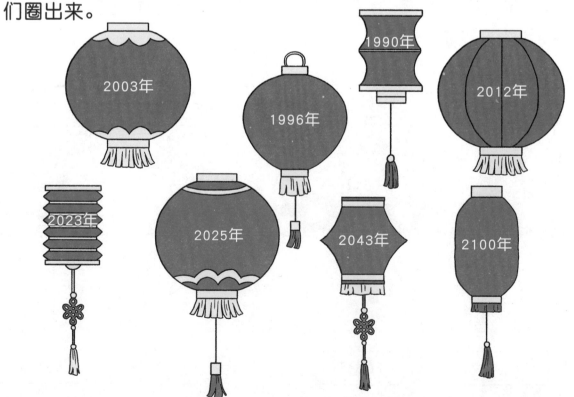

2003年

1996年

1990年

2012年

2023年

2025年

2043年

2100年

✎ 依依放暑假了。请根据下面提问，回答问题。

7月						2023
星期日	星期一	星期二	星期三	星期四	星期五	星期六
						1
2	3	4	5	6	7	8
9	10	11	12	13	14	15
16	17	18	19	20	21	22
23	24	25	26	27	28	29
30	31	爸爸出差				

8月						2023
星期日	星期一	星期二	星期三	星期四	星期五	星期六
		1	2	3	4	5
6	7	8	9	10	11	12
13	14	15	16	17	18	19
20	21	22	23	24	25	26
27	28	29	30	31		

① 这是_____年_____月和_____月的月历表，这两个月共有_____天。

② 依依从7月16日开始放暑假，请在月历中将这天圈出来。这天是星期_____。

③ 依依每周六和周日去游泳，这两个月她共游了_____次。

④ 爸爸一共要出差10天，他_____月_____日回来。

⑤ 依依9月1日开学，她暑假一共放了_____天假。

✏ 小慧、琪琪和月月分别参加了不同的兴趣班，你知道她们分别参加了哪一个吗？请你在表格对应的地方画"√"。

	钢琴班	画画班	舞蹈班
小慧			
琪琪			
月月			

✏ 便利店推出购物抽奖活动，舟舟去抽奖。

①他抽到_____奖的可能性最大，抽到_____奖的可能性最小。

②如果让抽到三等奖和纪念奖的可能性一样大，可以增加_____个三等奖，或者减少_____个纪念奖。

✎ 小动物们正在教室里上课，它们设计了不同颜色的转盘。

① 每个小动物手上都有红、黄、绿三色颜料。请根据小动物们说的话，给它们的转盘分别涂上颜色。

② 小动物们下课后要进行足球比赛。每种颜色代表一支队伍。如果用转盘决定哪队先开球，选择谁的转盘最公平呢？请把它圈出来。

✎ 晶晶要从北京去天津，请在下面的_____上填上合适的单位。

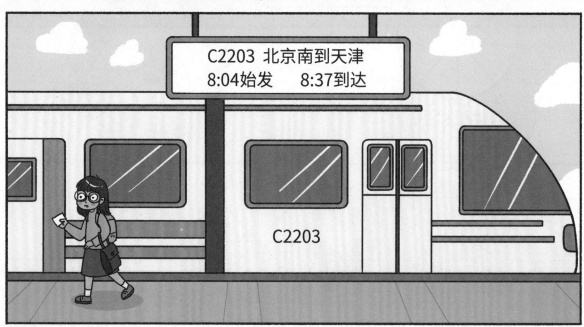

晶晶身高165_____，体重55_____，她拿着厚约1_____的身份证买了一张去天津的高铁票。她上了一节长约25_____的车厢，经过了30_____，到达了距离北京约120_____的天津。

蒙蒙过生日收到了好多礼物，她至少拿几次才能把礼物全拿进卧室？将组合的方案列一列，并写出正确答案。

✎ 我国陆地面积约960万平方千米。右下图是我国地形分布情况统计图，请根据统计图回答问题。

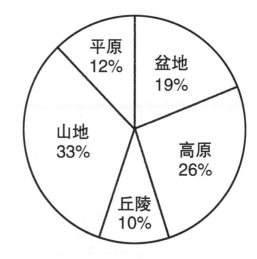

① 我国山地面积占总面积的_____。

② 在各种地形中，_____的面积最大，_____的面积最小。

③ 我国丘陵面积约有_____平方千米。

✎ 森林里共有40只小动物，有4只小动物来竞选森林使者，它们获得的选票数量如下。3张统计图中，哪张最准确地表示了选票情况？请把它的序号圈出来。

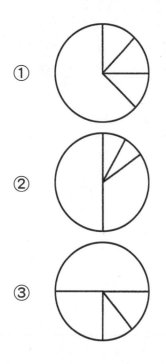

✎ 右下图是关于琪琪一天时间分配的统计图。请根据统计图回答问题。

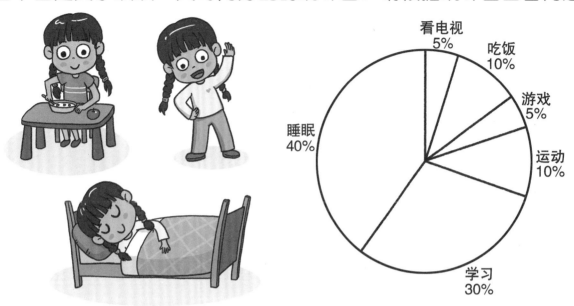

① 琪琪一天中看电视的时间有_____时_____分。
② 琪琪一天中学习的时间有_____时_____分。

✎ 右下图是三班同学喜欢的电视节目统计图。请你把统计图补充完整，再回答问题。

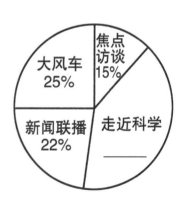

全班共60名同学，喜欢看《大风车》的有_____人。

✎ 请你比较下面两个图形的大小，把面积更大的图形的序号圈出来。

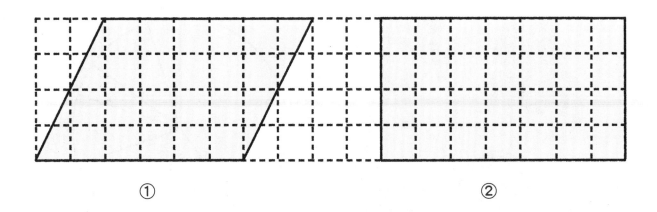

①　　　　　　　　　　　②

✎ 先量一量下面两个长方形各边的长度，再想办法求出它们的面积。

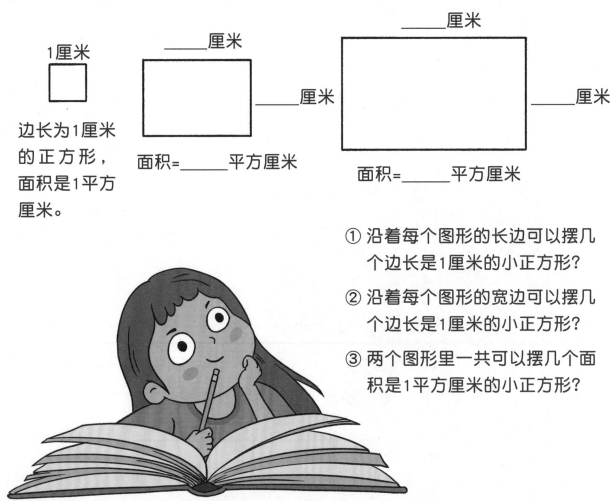

1厘米

边长为1厘米的正方形，面积是1平方厘米。

_____厘米

_____厘米

面积=_____平方厘米

_____厘米

_____厘米

面积=_____平方厘米

① 沿着每个图形的长边可以摆几个边长是1厘米的小正方形？

② 沿着每个图形的宽边可以摆几个边长是1厘米的小正方形？

③ 两个图形里一共可以摆几个面积是1平方厘米的小正方形？

✎ 请比一比、算一算，回答下面的问题。

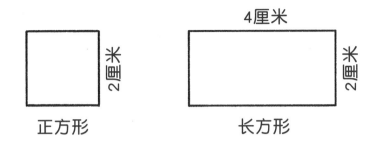

正方形的面积是_____平方厘米；长方形的面积是_____平方厘米。

✎ 算一算下面两张彩纸的大小，把面积更大的彩纸的序号圈出来。

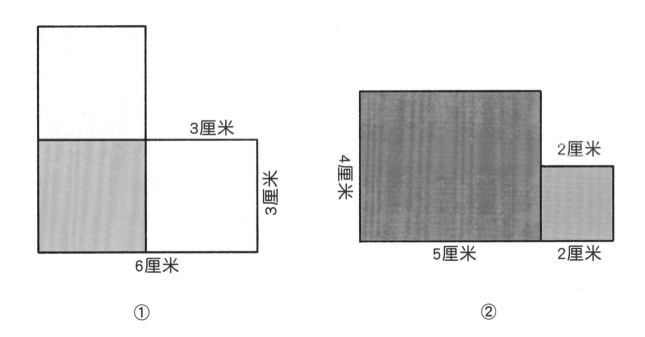

①   ②

✎ 请观察统计图，回答下面的问题。

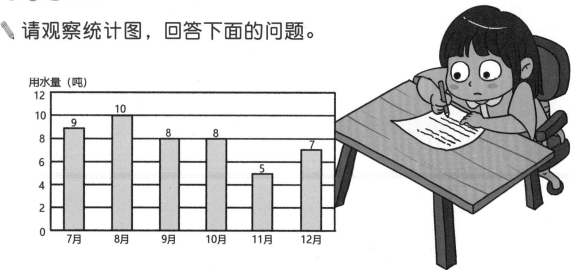

① 米米家下半年用水量最多的一个月和最少的一个月用水量相差_____吨。

② 12月再节约_____吨水，用水量就和11月一样了。

✎ 二班对同学们最喜欢吃的水果做了调查，请你根据统计表把条形统计图补充完整，然后回答问题。

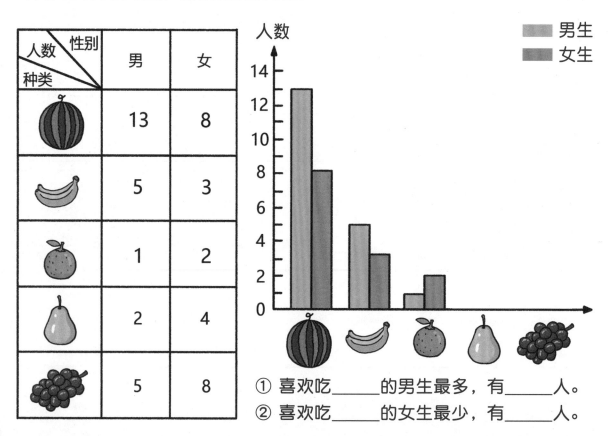

人数　性别　　种类	男	女
🍉	13	8
🍌	5	3
🍊	1	2
🍐	2	4
🍇	5	8

① 喜欢吃_____的男生最多，有_____人。

② 喜欢吃_____的女生最少，有_____人。

向阳小学低年级学生参加兴趣小组的情况如下表，请根据统计表，完成复式条形统计图，然后回答下面的问题。

人数　年级 兴趣 小组	一年级	二年级
美术	40	18
书法	22	40
电脑	50	30
科技	25	45

兴趣小组情况统计图　　一年级 ■■■　二年级 ■■■

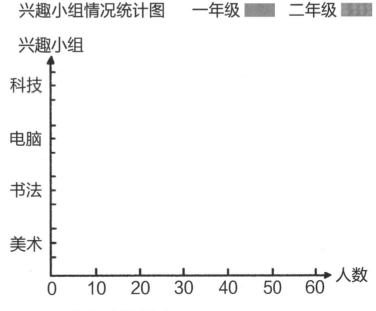

① _____小组的人数最多，_____小组的人数最少。

② 一年级学生比较喜欢_____小组，二年级学生比较喜欢_____小组。

✎ 负数是比0小的数，负数与正数表示意义相反的量。请回答下面的问题。

① 足球比赛中，赢了5个球记作"+5"，那么输了3个球记作_____，"－2"表示输了_____个球。

② 嘉嘉现在在4层，要去地下2层。她一共需要乘坐_____层电梯。

③ 琳琳向东出发，走了300米，用"+300"表示；小舒向西出发，走了500米，可以表示成_____。

✎ 学校对学生们进行跳绳测试，规定每分钟跳20次达标记作"0"。超过20次的部分用正数表示，不足20次的部分用负数表示。请回答下面的问题。

① 跳得最多的同学跳了_____次。

② 跳得最少的同学跳了_____次。

③ 没有达标的小朋友有_____人。

学号	1	2	3	4	5	6	7	8	9	10
个数	－ 2	+ 3	+ 5	0	－ 7	+ 4	+ 15	+ 6	+ 5	－ 9

✎ 超市里正在促销海鲜，轩轩一共有7元钱。请看图回答问题。

① 轩轩最多能买到_____克鲈鱼，
   最少能买到_____克鲈鱼。

② 轩轩最多能买到_____克三文鱼，
   最少能买到_____克三文鱼。

✎ 比较大小，在○中填写 ">" 或 "<"。

-6 ○ 1　　　　50 ○ 25　　　　0 ○ -3

-5 ○ -2　　　　-78 ○ 1　　　　4 ○ -4

奇奇和朋友们早上9:00到达动物园，在动物园度过了
愉快的一天。请看图回答问题。

1.5千米

1.3千米

2千米

① 贝贝迟到了，又过了 $\frac{1}{3}$ 小时她才到动物园，她到达的时间是_____，请在图中的钟面上把它画出来。

② 奇奇沿着动物园周边骑了一圈，一共骑了_____千米。

③ 奇奇骑行1千米大约需要5分钟，他围着动物园骑行一圈大约需要_____分钟。

1.2千米

1千米

④ 然然从飞禽馆到狮虎山走了大约2000步，如果每步长50厘米，飞禽馆到狮虎山大约_____米。

⑤ 下午4:30，奇奇和朋友们离开动物园，他们一共参观了_____小时。

✎ 春天到了，动物们在自己家的田地里忙起来了。

① 观察小兔子和小狗家的田地，谁家的面积大？请在相应的○里画"√"。

小兔子 ◯　　小狗 ◯

② 小兔子和小狗分别在田地的周边围一圈篱笆，谁家的篱笆长？请在○内填上"＞""＜"或"＝"。

小兔子 ◯ 小狗

③ 鸭子和鹅各分到圆形田地的25%，公鸡分到圆形田地的50%，请你在扇形统计图中相应的位置写上对应动物的名称。

✎ 乐乐和贝贝玩摸球游戏。乐乐摸到各种颜色球的次数统计表如下：

红球	正正正正	（　　）次
白球	正	（　　）次
黄球	正正正	（　　）次

① 请把表格补充完整。

② 盒子里可能_____球最多，_____球最少。

③ 轮到贝贝摸了，她摸到_____的可能性大一些。

④ 乐乐根据摸球的结果，把三种球的占比做了一个扇形统计图，你认为哪个最恰当？请在相应的□里画"√"。

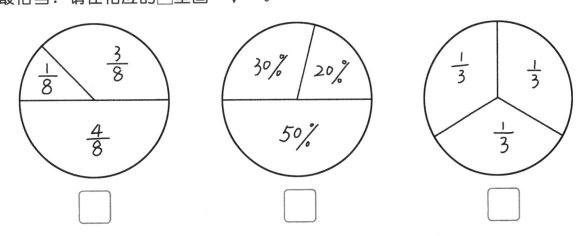

✎ 一班有32名学生，图1是班中男生、女生人数占总人数的统计图，请你根据图1的信息完成图2的绘制。

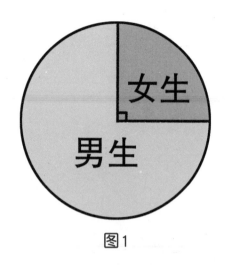

图1

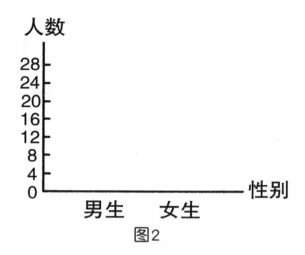

图2

✎ 小蚂蚁和小蜗牛围着花坛散步。请看图回答问题。

①

②

这两个花坛的面积的关系是＿＿＿＿。

A．①大　　B．②大　　C．一样大

这两个花坛的周长的关系是＿＿＿＿。

A．①大　　B．②大　　C．一样大

✎ 熙熙家附近有两个公园。请看图回答问题。

120米

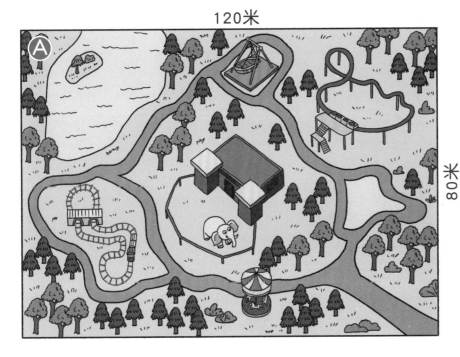

80米

100米

100米

① 如果绕公园外围走一圈，去哪个公园走的路更长？

A公园 ◯

B公园 ◯

一样长 ◯

② 熙熙每天都会绕着公园A的外围晨跑5圈，她每天要跑_____千米。

③ 熙熙家到最近的公园B，步行需要10分钟，她围绕公园晨跑5圈大约用时15分钟，那么她最晚在_____出门才能正好赶在8点回到家吃早餐。

✎健康饮食很重要，究竟每类食物我们一天应该摄入多少，三餐该如何分配呢？请你阅读下面两个材料，结合实际生活设计一天的健康食谱。

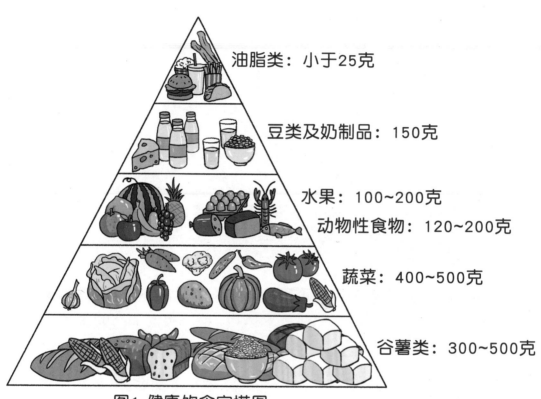

油脂类：小于25克

豆类及奶制品：150克

水果：100~200克
动物性食物：120~200克

蔬菜：400~500克

谷薯类：300~500克

图1 健康饮食宝塔图

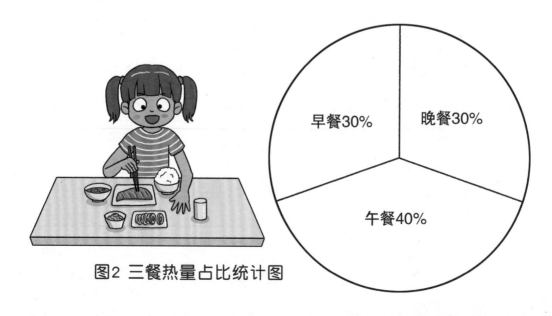

早餐30% 晚餐30% 午餐40%

图2 三餐热量占比统计图

设计食谱时我们还需注意荤素搭配、粗细粮搭配，每天吃适量的水果和蔬菜。现在请你设计出你一天的健康食谱吧。

例：

餐次	食品名称	用量
早餐		
午餐		
晚餐		

洛克数学启蒙练习册4-C答案

P2

P3

P4

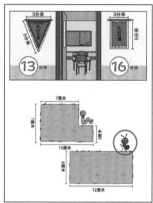

P5

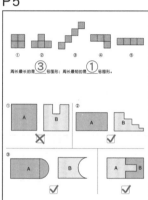

P6

P7

P8

P9

P10

P11

P12

P13